U0296598

流域面源污染模拟与分析

——以水库水源地乡村小流域为例

贺　斌　赵恺彦　杨超杰　陈文君　著

科学出版社

北京

内 容 简 介

本书通过选取典型乡村小流域为研究案例，系统介绍小流域面源污染分析和水环境模拟的过程和方法：包括流域水体污染监测点的选择和建立，水质数据的采集与分析，流域水体水质综合评价；结合野外试验观测和模型模拟技术分析面源污染时空分布特征及主要污染物负荷，运用 GIS 技术和不同水文水质模型模拟小流域水文过程与估算面源污染负荷，分析流域水文情势和水污染过程，识别面源污染控制关键源区。同时，本书也评价流域土地利用和自然条件与人为活动的变化，以及在不同土地利用和人为活动情景下，流域污染情况的时空变化和多种流域综合管理措施下的治污效果等，最终提出改善小流域面源污染的控制技术和综合治理方案。

本书既可以作为环境科学与工程及相关专业的本科生与研究生教材，又可供自然地理、面源污染治理、流域管理等领域的研究人员和高等院校师生参考。

审图号：苏 S（2024）27 号

图书在版编目（CIP）数据

流域面源污染模拟与分析 ： 以水库水源地乡村小流域为例 / 贺斌等著. -- 北京 ： 科学出版社，2024. 12. -- ISBN 978-7-03-079973-9

Ⅰ . X52

中国国家版本馆 CIP 数据核字第 2024JA1675 号

责任编辑：郭允允 李 洁 / 责任校对：郝甜甜
责任印制：徐晓晨 / 封面设计：图阅社

科学出版社 出版

北京东黄城根北街 16 号
邮政编码：100717
http://www.sciencep.com

北京建宏印刷有限公司印刷
科学出版社发行 各地新华书店经销

*

2024 年 12 月第 一 版 开本：720×1000 1/16
2024 年 12 月第一次印刷 印张：12
字数：230 000
定价：168.00 元
（如有印装质量问题，我社负责调换）

编写委员会

主　　任　贺　斌　赵恺彦　杨超杰　陈文君

副 主 任　姚志远　王　侃　马　钊　姚　敏

委　　员　（排名不分先后）

段伟利　吴华武　徐宪根　封宇乾

郝贝贝　张思毅　单　超　张爱弟

刘　晶　罗　川　兰　珂　于　洁

李　兵　董志颖　王　晓　孟庆洁

程军蕊　蒋　丽　周陈新　李齐秀

吴昊平　朱明宇　Srikantha Herath

Bam Haja Nirina Razafindrabe

Tom Lotz

本书所涉研究受到以下资助项目支持：

［1］ 国家自然科学基金面上项目（42177065、41471460、41501552、42101476）

［2］ 宁波大学包玉刚领军人才项目

［3］ 国家重点研发计划项目（2023YFC3205700）

［4］ 科技部外国专家项目（DL2022030007L、G2022030005）

［5］ 广东省珠江人才计划项目（2019QN01L682）

［6］ 广东省科学院建设国内一流研究机构行动专项资金项目（2020GDASYL-20200102013）

前　言

近年来，我国经济社会的快速发展带动了农村各项产业的蓬勃发展，也带来一系列的流域面源污染问题。目前，农业面源污染控制已经成为改善区域水环境质量面临的最主要问题之一。探索中国流域水污染治理新模式，找到解决流域农业面源污染的新路径迫在眉睫。本书围绕当前小流域面源污染的实际情况，结合实际案例，通过翔实的数据分析及具体的方法介绍，对乡村小流域面源污染的来源、迁移、防治效果以及不同情景下的污染情况变化进行深入的研究与分析，并探讨和总结多种综合治理措施以及动态优化配置。总体来说，本书希望通过详细而又有针对性的案例分析和方法介绍，为乡村小流域的面源污染分析和治理提供整体而有效的思路与技术支持。

本书由 9 章构成。第 1 章为绪论，包括选题背景与意义、国内外研究进展及研究内容与研究思路；第 2 章为研究区概况与研究方法，主要对研究区概况和研究方法进行具体论述；第 3 章为流域土地利用变化和模拟，进行流域空间数据特征分析和对比，并构建土地利用变化模型，分析土地利用变化趋势；第 4 章为流域水文水质监测与分析，进行野外调查、监测，并采用聚类分析法和主成分分析法分析水质数据，从而对平桥河流域水质进行科学客观的评价；第 5 章为基于 SWAT 系列模型的流域水文水质模拟，运用 SFHM 和 SFWQM 对研究区域的流量与营养盐输出进行模拟，并将模拟结果与 SWAT 模型模拟的结果进行对比分析；第 6 章为基于 SWAT 系列模型的情景模拟与分析，对比分析基于自然和人类活动事件、特定土地利用类型和流域综合管理措施进行营养盐输出的情景模拟，并估算出研究区域各子流域营养盐负荷量，提出流域治理建议；第 7 章为基于 AnnAGNPS 的面源污染模型构建与调优，基于 AnnAGNPS 交互界面、编辑器完成地形、土壤、土地利用、气象、作物等参数的输入，将实测的流量和水质浓度用于模型的校准与验证，从而完成模型的构建；第 8 章为基于 AnnAGNPS 的面源污染模拟与防治对策，基于自然和人类活动事件、特定土地利用类型和流域综合管理措施进行营养盐输出的情景模拟，并估算出研究区域各子流域营养盐负荷量，最终为流域治理提出建议；第 9 章为结论与展望，为今后进一步对该流域长时间序列研究和类似地区的研究奠定基础。

本书涉及内容十分广泛，在撰写过程中引用了国内外许多学者对流域面源污染相关的研究成果，为表达对这些学者的尊重和感谢，力求在参考文献中一一列出，但难免有疏漏之处，敬请有关专家学者谅解。

本书由贺斌总体设计，具体撰写分工如下：贺斌负责前言、第 1 章、第 2 章、第 9 章；赵恺彦负责第 1~6 章、第 8 章、第 9 章；杨超杰参与撰写前言、第 1 章、第 2 章、第 4 章、第 7~9 章；陈文君参与撰写第 1 章、第 8 章、第 9 章。全书由贺斌、赵恺彦、杨超杰、陈文君统稿，并由贺斌最后定稿。

由于作者能力有限，不足之处敬请读者批评指正。

作　者

2024 年 1 月

目　　录

第1章

绪　　论

1.1 研究背景与意义

水是生命之源，也是人类文明发展的必要物质载体。进入 21 世纪，水资源逐渐成为制约人类发展的要素，而水环境问题也越来越成为全球研究关注的热点（Abbaspour et al.，2015；Vörösmarty et al.，2000）。在我国，伴随着快速的城镇化和高速的经济发展，水环境问题更加严重。研究显示，2009 年全国已有 60%的水体被不同程度地污染，相比 2000 年，水污染呈现出加重的趋势（邓娟，2017），极大地影响和制约了人类社会的生存和发展（张颖等，2013）。中国的人均淡水资源占有量只有全世界平均水平的 1/4 左右，在水资源短缺的大背景下，水源地保护的重要性更加突出（师博颖，2018）。

水源地主要包括地下水水源地和地表水水源地，地表水水源地中水库又占大部分，这既受自然地理条件制约，又是由我国国情决定的（金树权，2008；谢建枝等，2015）。目前，随着经济社会和城镇化的快速发展，人类生产和生活过程中排放的污染物剧增，江河水体污染严重且短期治理难以奏效，在地下水开采状况日益严峻的背景下，水库已成为城乡主要的饮用和供水水源地（任继周等，2014），水库不仅可为下游城镇提供优质水源，同时部分水库还承担着应对周边城市水污染突发事件和及时提供安全饮用水的重任，其功能也由发电、防洪向供水转变（韩博平，2010）。

水库型水源地对人类社会发展和生态环境保护都具有重要的价值，对于前者，主要提供饮用水和灌溉用水（蔡锦文，2018）；对于后者，主要提供生物适宜的栖居环境并对污染物起到净化作用（李恒鹏等，2013b；张雁，2018）。水库型水源地的各项价值中，最关键的是稳定提供安全的饮用水，这既关系到水量方面，更关系到水质方面（Han et al.，2016；杨爱玲和朱颜明，2000）。水源地水量的时空分布主要受气候条件制约，同时，土地利用形式也对其有重要影响（李国砚等，2008）。水源地水质由流域内的点源污染（付乐，2019）、面源污染（姜世伟，2017）和大气沉降（倪玮怡，2016）三方面决定。对中国东南季风区的大多数流域而言，面源污染是最主要的影响因素（姜世伟，2017；李恒鹏等，2004；万君，2017）。面源污染主要包括施肥、灌溉、畜禽养殖和农村居民生活污水排放等，这些都与土地利用形式和生产生活方式有着密切联系（李恒鹏等，2004；梁济平，2019）。

因此，加强水库水源地保护就显得极为重要（李恒鹏等，2013a），流域开发加剧导致的水库水质恶化问题也成为人们关注的重点。早在 20 世纪 30 年代，日本就对导致水库水质恶化的影响因子进行了研究；60 年代末，美国通过对水库水质恶化与土地利用的调查，从而对水库水质的恶化进行了大规模研究（杨爱玲和朱颜明，2000）；70 年代，尽管发达国家为严格控制点源污染纷纷制定了水源保护条例并建设了污水处理设施，但水环境问题并没有得到真正解决（Heathcote，1998）。研究人员发现水源水质主要受到集水域开发导致的面源污染影响，如何控制水库水源地的面源污染是当今水库水源地水环境治理和管理的重要课题（李京璋，1993）。研究认为影响面源污染形成的主要因素为集水域开发不合理。例如，有学者对美国的上游水源地进行了土地适宜度分析，研究了住宅、商业、工业和休闲等区域与水源水质的内在关联，结果表明水质受集水域开发强度的影响很大，水源地上游农村的畜禽养殖粪便、农业化肥及农药的流失、生活垃圾和有机废弃物等会进入水源地污染水源（Steiner et al.，2000；Armstrong et al.，2012；Fisher et al.，2006）。此外，很多水库水源地又是风景旅游区，伴随游乐项目和游客的增加，大量排弃的污水、废物和垃圾等遇到大雨或暴雨就会随地表径流进入水源地污染水源（Wu and Liu，2012），这些水库水源地的污染特征只有从整个流域尺度上进行全面研究，才能达到从根本上控制水库水源地污染和改善生态环境的目的。

我国正处于经济快速发展时期，许多水库水源地由于集水域开发引起植被破坏、水土流失、水量减少和水质下降等问题，形成了资源性和水质性缺水并存的局面（李保刚等，2008）。太湖流域地处长江三角洲，雨量大、暴雨多、地形复杂、土壤易受侵蚀、人口稠密、人类活动强度大，历来是我国水环境问题最为突出的地区之一。尤其是 2007 年 5 月太湖蓝藻大规模暴发，导致无锡市自来水水源地水质严重污染，造成近百万无锡人民饮用水和生活用水严重短缺，这一事件更是敲响了太湖流域水质恶化的警钟，引起国家和社会的高度重视。作为太湖流域典型水库水源地的天目湖水库，不仅是一座综合利用型水利工程，同时也是国家 5A 级风景旅游区。虽然天目湖目前的水质仍能达到国家要求的饮用水标准，但不容忽视的是，自 20 世纪 90 年代以来天目湖的氮、磷指标呈加重趋势，给饮用水安全带来一定风险（聂小飞等，2013）。近年来，随着天目湖及周边旅游业、房地产和农业种植等发展过程造成的面源污染，以及极端天气事件频发，导致天目湖水质不断下降，对天目湖集水域面源污染进行深入研究，制订相应条例和保护策略，为水库水源地管理提供依据，为水源水质安全提供有力的保障（刁亚芹等，2013；李恒鹏等，2013b）就显得十分迫切。目前，面对水库水源地水质问题，水环境管理部门及研究人员往往采用达标排放与总量控制相结合的管理方式，但集水域面源污染负荷的不确定致使现在实施的控制总量缺乏决策参数，只能根据经验初步确定，不能根据环境容量来确定控制量，而且在实施过程中，农业面源污染负荷量也没有合理地纳入计算。因此，合理估算水库水源地集水域污染负荷输出量是加强水库水源地保护和污染控制的有效途径。由于水库水源地面源污染的生物地球化学过程是一个受水文气象、地形地貌、土地利用和社会经济等多重因素影响的综合结果，由于面源污染具有空间分布的广泛性和发生机理的复杂性，因此污染负荷计算的不确定性较大（贺缠生等，1998）。要有效控制水源地的面源污染，必须从源头着手，量化各水体的污染源及贡献率，才能为水环境治理提供科学的依据，所以对污染物的定量化研究已经成为亟待解决的问题。

因此，本书选取天目湖水库水源地上游重要支流平桥河流域，追根溯源，从源头治理。根据《2016 中国环境状况公报》显示，七大水系（长江、黄河、珠江、松花江、淮河、海河和辽河）和浙闽片河流、西北诸河及西南诸河中主要污染指标为化学需氧量（COD）、总磷（TP）和五日生化需氧量（BOD_5）。112 个重要湖泊（水库）中，II 类水的 36 个（占 32.2%）、III 类水的 38 个（占 33.9%）、IV 类水的 23 个（20.5%）、V 类水的 6 个（占 5.4%）、劣 V 类水的 9 个（占 8.0%），主要污染指标为总磷、化学需氧量和高锰酸盐指数（COD_{Mn}）。太湖水质总体为 IV 类水，主要污染指标为总磷、铵态氮（NH_4^+-N）和化学需氧量。同时，通过在平桥河流域前期采样大量水质指标测定发现，该流域水质指标浓度较高的主要为氮磷营养盐，因此在后期采样中主要测定氮磷营养盐水质指标，由此通过对水库水源地上游重要支流氮磷营养盐的测定与分析，了解影响水库水源地水质风险的潜在因素，保障水库水源地水质长期稳定和减少饮用水源安全风险，控制污染物的入湖排放，确保各支流水质达标入库，为水库水质安全提供最基础的保障（温美丽等，2015）。同时，影响该小流域水质的主要因素是农业面源污染，针对此类水源地的水质变化过程及调控策略，国内外可以直接借鉴的实例较少，非常有必要选择合适的水质评价方法和流域面源污染模型对集水域开发的水环境响应机制与水质调控措施进行深入研究，从而建立服务于水环境管理决策的评估和模型体系，积累对水库水源地水质变化机制的认识。这对保护水库水源地水质有积极意义，为水源地水质目标管理提供流域优化开发决策依据，对类似太湖流域水库水源地水质的保护和管理有重要借鉴意义。

1.2　国内外研究进展

1.2.1　水质评价

随着水环境污染问题日益严重，水质评价更显重要。水质评价主要通过选取适当的评价因子、评价标准及计算方法，按照一定的评价目标，实现对水体质量和利用价值的评定，进而为水环境的科学管理和污染防治提供科学的决策依据，对区域可持续发展具有重要意义（陈国阶和何锦峰，1999；甘霖等，2009）。早期的水质评价主要针对水的感官性状（如颜色、气味、透明度等）进行定性描述，概念比较模糊。几十年来，随着科学技术水平的不断提高，国内外学者对水体的物理、化学及生物性状有了进一步了解，先后提出了不同的水质评价方法。美国是较早开展水质评价的国家，从早期 Horton 提出将质量标准法用于水质评价，到后期 Ross 提出利用铵态氮、生化需氧量、悬浮物及溶解氧（DO）4 项指标对水质进行评价，使得水质评价综合考虑物理、化学和生物指标，其得到的结果更加科学可信。国内水质评价起步相对较晚，大体经过初步尝试、广泛探索、全面发展及环境影响评价 4 个阶段，现在水质评价几乎成为所有综合环境质量评价中必不可少的内容。本书总结几种常用的评价方法，即指数评价法、多元统计评价法、模糊评价法、灰色评价法、人工神经网络评价法及物元分析法等。

1. 指数评价法

指数评价法分为单因子评价法和综合评价法。例如，内梅罗水污染指数（Wu et al.，2010；李亚男等，2008）、豪顿水质指数（1965 年）、布朗水质指数法（1974 年）、罗斯水质指数（1977 年）。单因子评价法主要表明单项污染物对水质污染的影响程度，而综合评价法则表征多项污染物对水质的综合污染影响程度。

2. 多元统计评价法

多元统计评价法通常需要大量的实测数据支撑，对水质样本容量较小的情形不适用（李如忠，2005），主要包括主成分分析（principal component analysis，PCA）法、因子分析（factor analysis，FA）法、聚类分析（cluster analysis，CA）法和判别分析（discriminant analysis，DA）法，已被广泛地应用到水环境质量评价方面（Liu et al.，2003；Sylvester et al.，1962；孙国红等，2011；

刘路等，2012；杨超杰等，2017）。其中，聚类分析法和主成分分析法应用较为广泛。人们通常会综合使用多种多元统计方法进行水质评价，例如 Bu 等（2010a）综合运用聚类分析法、因子分析法和判别分析法等对金水河的水质进行评价分析。目前多元统计的操作计算可以简单地在 SPSS、SAS、STATISTICA、BMDP 等统计分析软件上进行操作（张利田等，2007），其中 SAS 与 SPSS 被各领域研究者普遍运用认可。

3. 模糊评价法

模糊评价法首次被美国自动控制专家 Zadeh 于 1965 年提出，是用于研究和处理模糊现象的数学方法。该方法可以进行定量化处理，从而有效完成水质评价。根据模糊评价法的自身特点可分为模糊综合评价法、模糊聚类法、模糊距离法和模糊概率法等（陈奕和许有鹏，2009；贺仲雄等，1992；姜莉莉等，2007），其中最典型的方法是模糊综合评价法（李如忠，2005）。目前，模糊综合评价法已被广泛应用于各类水质评价研究（Lu et al.，2010；韩晓刚等，2010）。

4. 灰色评价法

灰色系统理论是由我国学者邓聚龙教授基于"灰箱"概念首先提出的，主要采用已知的白化参数通过分析、建模、控制和优化等过程，将灰色问题淡化和白化，从而解决问题（Deng，1982）。灰色评价法主要包括灰色聚类、灰色聚类关联、灰色模式识别、区域灰色决策、加权灰色局势决策和梯形灰色聚类分析等方法（廖水文等，2009；芦云峰等，2009；王俊，2011），其中最常用的是灰色聚类法（王洪梅等，2007）。主要通过将待评价样本进行标准化处理、确定白化函数、计算各评价指标对各灰色的白化系数、确定各个指标的聚类权和聚类系数等步骤（任珺，2008），判断出评价样本的综合水质类别。灰色评价法虽然避免了模糊评价法只通过一个权重划分水质级别的不合理之处，但没有考虑超标污染物对水体水质的损害（陈丽华等，2011）。

5. 人工神经网络评价法

人工神经网络（artificial neural networks，ANNs）主要通过模拟人类大脑思考模式，根据事物的本质特征，采用直观推理判断进行分类，避免人为因素干扰，从而产生更为客观、准确的评价结果（李如忠，2005）。该评价方法具有高速计算能力、大容量记忆能力、学习能力及容错能力。人工神经网络评价法主要包括前馈型反向传播（back propagation，BP）算法神经网络模型法、反馈式人工神经网络 Hopfield 模型法、径向基函数神经网络（radial basis function neural networks，RBFN）模型法及自组织（self-organizing map，SOM）神经网络法等（Chang et al.，2001；刘国东等，1998）。目前有学者（陈守煜和李亚伟，2005）结合人工神经网络评价法与其他方法对水质进行评价，研究发现其水质评价结果具有客观性和实用性。陈永灿等（2007）通过概率神经网络模型法对三峡水库蓄水前后近坝水域水质进行评价研究，结果发现制约库区水质的影响因子为营养盐类，具有现实指导意义。

6. 物元分析法

物元分析法克服水质评价中各单项水质指标评价结果具有不相容性的问题（蔡文，1987），还能够刻画水质动态转化趋势，优于模糊综合评价法和灰色关联法（王玲杰等，2004）。并通过建立经典域物元矩阵、节域物元矩阵、各评价因子对各水质标准类别的关联函数以及根据其值大小来确定水体水质的类别，从而实现物元评价（王娟等，2010）。

1.2.2 面源污染模型

随着点源污染得到一定程度的控制，面源污染已成为环境、生态和水文等领域的研究热点。面源污染指溶解性或固体污染物随降水产生的径流进入受纳体从而导致的水体污染（胡雪涛等，2002；李怀恩，1996），会造成土壤和水体恶化，引起过量的营养盐、农药等污染物质进入水体，导致水质下降、湖泊和水库富营养化。在湖库水源地水质评价中，常见的数理统计分析方法有模糊数学、聚类分析、隶属度、主成分分析和因子分析等（Alberto et al.，2001；Bu et al.，2010b；李思悦和张全发，2008；杨学福等，2013）。研究者运用这些方法分析水质的时空变异特征，并对其影响因素进行宏观把控。但是这些数理统计分析并不能辨识水体污染物质类别、模拟和预测污染物质负荷量及其迁移过程。过去的六十多年里，水文系统和污染物负荷研究领域出现了一些面源污染模型，如通用土壤流失方程（universal soil loss equation，USLE）、农业管理系统中的化学、径流和侵蚀（chemicals，runoff，and erosion from agricultural management systems，CREAMS）、ANSWERS（areal non-point source watershed environment response simulation）、AGNPS（agricultural non-point source）、AnnAGNPS（annualized agricultural non-point source）、HSPF（hydrological simulation program-fortran）和 SWAT（soil and water assessment tool）等模型，这些面源污染模型在一定程度上弥补了数理统计分析方法的不足。

国外对面源污染模型的研究大体可分为三个阶段。第一阶段（20 世纪 60 年代初至 70 年代初），主要为经验模型，进行简单的统计分析，如美国的 USLE（Meyer and Wischmeier，1969）；用来预测地表径流的径流曲线法（SCS 曲线模型）（Justin and Jordan，1991）；估算流域面源污染负荷的污染物输出系数；估算径流、泥沙和农业污染物质流失量的 CREAMS 模型（Knisel，1980）；模拟水体中氮磷分布的 ANSWERS 模型（Beasley et al.，1980）等。这些经验模型多数用来估算径流量或污染物的输入量和输出量，计算过程简单，所需参数较少，缺乏对污染物迁移过程和机理的研究。但这些方程或模型为后期面源污染模型的发展奠定了基础。第二阶段（20 世纪 70 年代中期至 80 年代末），面源污染模型步入快速发展时期，逐渐由经验模型向机理模型转变。例如，修正后的通用土壤流失方程（RUSLE）（牛志明等，2001），由二维扩至三维立体，弥补 USLE 在土壤侵蚀空间演变和预报方面的缺陷，大大增加其适用性和预报的可靠性；美国农业部推出的 WEPP 模型（Laflen et al.，1991）实现了对日尺度水蚀的连续性预报，能够模拟土壤侵蚀时空变异特征，并预测泥沙的迁移过程；适用于流域水质研究的分布式模型 AGNPS 模型，实现了对水体中氮平衡的连续性模拟；HSPF 模型（Jeon et al.，2007），一方面实现对大流域内泥沙、氮、磷以及农药等在地表及包气带中的迁移、累积和转化过程等的模拟，另一方面还能实现以小时为尺度的产汇流分析；用于面源污染预测管理措施进行预测和评价的 BMPs 模型等。该阶段的面源污染模型由经验模型估算平均负荷向长时间序列连续性的模拟和预测进行转变，由单纯地描述现象向揭示水文和污染物迁移过程、积累及转化等机理研究进行转变，模型的功能越来越多样化。第三阶段（20 世纪 90 年代初至今），面源污染模型进入不断完善阶段。例如，AnnAGNPS 模型对流域内水文、土壤侵蚀、泥沙、营养盐、农药等日尺度的污染负荷和迁移过程的模拟；SWAT 模型（Borah，2003）实现对大、中尺度的农业和森林流域日尺度的水文与污染物质迁移转化等物理机制的连续性模拟；BASINS（Whittemore and Beebe，2000）、AnnAGNPS（Momm et al.，2012）、ANSWERS（Joao and Walsh，1992）和 SWAT（Olivera et al.，2006）等改进后的模型与地理信息系统技术相结合，不仅提高模型质量和精度，还强化模型处理分析数据能力和增强可视化结果表达等功能。从第一阶段到第三阶段，面源污染模型的模拟、计算、分析和显示等功能不断提升，模拟和预测精度越来越高，机理过程的揭示趋向于清晰化，但随之而来的是对输入数据数量和质量双重要求不断提高，高质量大数据库的背后需要严谨的监测工作和强大的资金投入，这在一定程度上对模型的推广和应用造成阻碍。

与国外相比，我国有关面源污染模型的研究起步较晚，最早开始于 20 世纪 80 年代，以引入国外现有模型并直接应用于不同区域面源污染模拟研究为主，也存在不少关于国外模型的综述类文章（姜云超和南忠仁，2008；李艳华和马守萍，2009）。随着我国对面源污染问题的逐渐重视，研究者开始对国外面源污染模型进行适度修正（李定强等，1998；王宏和杨为瑞，1995），使其更加适合我国流域自身的特征。尤其是 2010 年之后，随着国内相关研究成果数量的激增，可以参考和对比的资源已经很多，有的研究已经开展 5 年甚至更长时间，有相当多的积累（周雪丽等，2011）。在研究角度方面，前期集中在工程学领域［如污水治理和饮用水安全（廖招权等，2005）］、生态工程领域和水利工程（李云生等，2006），以及跨流域调水工程［如南水北调等（唐胜军，2013）］。近年来，研究更加向解决科学问题的角度发展，模型的引入不仅是工程应用的需要，更加偏向于对现象的解释和机理的分析（李程，2013）。相关研究包括不确定性分析（孙泽萍和付永胜等，2013）、对某一气候条件下与观测结果参照的检验分析（曹文志等，2002）、空间聚合水文效应研究（钟科元，2015）。其中，AnnAGNPS 模型因其对面源污染模拟的可靠性和系统性，得到了越来越多的青睐。近年来，国内有关 AnnAGNPS 模型研究的成果平均每年增长 20%，研究区域范围广泛，从沿海到黄土高原，都有应用 AnnAGNPS 模型的流域，其中代表性研究主要有针对降水条件下泥沙输出的研究（李硕和刘磊，2010）、关于水位变化和侵蚀情况改变对泥沙迁移的影响（花利忠等，2009），以及空间聚合分析（黄志霖等，2009）等。

目前，面源污染模拟研究对实测资料依赖程度高，涉及环保、水文水利、气象和农林等部门，难以全部获取，抑制了面源污染的进一步发展（董文涛和程先富，2011），因此建立流域面源污染数据库、实现数据共享性在面源污染模拟研究中十分重要。国外模型的不当使用会导致结果误差和错误（李伟，2013）。目前对水库水质的研究主要通过监测数据分析污染趋势（王娇等，2012），大多关注农田生态系统对水库水环境的影响（朱兆良和孙波，2008），而对农村生活污水和来自水库水源地旅游业的污染研究不多。国内在数据库共享、关键过程量化和模型合理使用等方面的研究还很薄弱，大部分地区仍然停留在控制点源污染的水平，忽视了水源地集水域开发的环境响应以及由此引起的面源污染，个别该领域的研究也集中于局部污染严重的区域，未能从水源地整个流域的宏观层面上进行深入探讨，尚未解决水源地水质与流域营养盐输出之间的定量关系难题，从而不能从根本上解决水库水源地的面源污染问题。

综上所述，仅通过主成分分析和聚类分析等多元统计分析法对大量监测水质进行评价，虽能宏观把控影响因子，但不能辨识水体污染物质类别，也不能模拟和预测污染物质负荷量及其迁移过程，还需进一步通过面源污染模型量化水源地水质与流域营养盐输出之间的定量关系，从而实现对研究区水质的定性与定量化评价。因此，本书选取水库水源地——天目湖水库上游重要支流平桥河流域为研究对象，通过对监测的氮磷营养盐指标的水质评价，并结合流域面源污染模型深入研究氮磷营养盐负荷的迁移过程，实现水库水源地水质从源头治理，有效减少氮磷营养盐进入天目湖水库水源地。

1.2.3 面源污染治理与流域管理

面源污染是水体污染中，除点源污染外，在空间尺度上多种复合的、难以跟踪的污染来源的统称（贺缠生等，1998；朱兆良和孙波，2008），以氮磷污染为主。面源污染的来源，主要是农业生产和农村生活，具体包括耕地中的施肥和灌溉、农村居民点的生活污水排放、畜禽养殖以及垃圾堆放。面源污染区别于点源污染的最关键特征为其很难捕捉到明确的污染排放点，且很难跟踪污染物的移动（郭青海等，2006；张荣保等，2005）。在这种情况下，流域管理对面源污染的研究和治理提出了更高的要求和挑战。目前国内外对面源污染过程机制的研究和综合治理的实践主要包括以下三个层次。

第一个层次是面源污染的识别和定量观测。主要包括实地的社会调查：农田施肥的统计、农村生活污水排放的统计和养殖业畜禽粪便排放的统计等。其中比较难统计的是农田堆肥排放出的氮磷污染物。另外，在社会调查统计的同时进行密集的土壤采样和水质采样分析也是必要的。

第二个层次是在第一个层次的基础上开展的，主要是对污染的变化过程和主要氮磷营养物质迁移的规律进行研究。这方面的研究基于特定自然地理条件，主要的研究方法是使用水质过程模型，包括分布式过程模型和半分布式过程模型。对主要河道的土壤和土地利用形式进行抽象概括，针对生物水、土壤水、湖泊水和河道水的不同水体特征进行分别模拟（庞靖鹏，2007）。

第三个层次主要是有针对性地进行面源污染的治理，包括污染源的控制、污染迁移过程中的阻截和流域出口区污染物质的固定。污染源的控制包括养殖业的规范、农村居民生活污水的集中收集和处理、化肥和农家肥的控制。污染迁移过程中的阻截包括合理布局水体和周围的土地利用、进行河道整治和护坡治理、污染物拦截和定期水体保养等操作。这些措施需要针对具体的流域地理形态特征来开展。在流域出口区污染物质的固定方面，目前成熟的手段是湿地建设，利用某些生长速度快、繁殖性能好的水生植物吸收富集大量营养物质，并进行打捞处理，使营养物质脱离水体。

在目前生态文明建设的大背景下，美丽中国和乡村振兴的建设正齐头并进，而农村的水环境成为这两项伟大建设的重要保证之一。长江三角洲地区人口密集、农业生产强度大、土地压力也较大，从而造成严重的水体污染。水源地的面源污染尤其受到关注，严重的水源地面源污染会给饮用水安全带来巨大风险（蔡锦文，2018）。同时，源头流域的面源污染也对生态系统构成较大威胁（吕唤春，2002）。在水源地保护的过程中既要依靠成熟的技术手段，又要依靠科学的理论指导，对各个小流域因地制宜地进行治理和管理，并且需要在时空尺度上随机应变地制定水环境管理方案（刘兆德等，2003）。目前，国内外对小流域的面源污染治理更加偏向于工程措施。例如，在水体污染严重的地区进行抢救性治理和环境紧急恢复，以及针对某些突发的水体污染事件，进行应急方案的制定和实践。而对总体水质情况较好的小流域面源污染治理的相关研究较少，主要是因为小流域产生的氮磷污染物质的绝对量比较小，且不易连续观测。

虽然水源地小流域水质相对较好，但工程治理效果不显著，所以更需要地理学和环境水文学方面的介入，充分利用已有的自然地理条件，通过合理地布局土地利用和各种水体的配置，以及乡村农业生产和生活活动的时间安排，进行长时间、常态化、低成本、与自然相协调的流域管理。本书关于污染治理和水环境保护的研究，依托对研究区域长达五年的持续的土地利用变化观测和水质跟踪数据并结合实际情况，开发出适用的水文和水质过程模型，对水源地小流域的面源污染治理和水环境保护提出有益建议。

1.3　研究内容与研究思路

1.3.1　研究内容

本书基于太湖流域水库水源地水环境保护和治理的迫切需求，针对流域面源污染研究中存在的科学问题，拟以太湖流域典型水库水源地——天目湖水库支流平桥河流域作为研究区域，综合采用 GIS、遥感、野外河流断面监测、小区定位观测和流域污染负荷建模等手段，对水质进行综合评价及模拟，为水库水源地水环境管理提供科学依据。具体内容如下。

1. 平桥河流域水质评价与土地利用分析

基于研究区野外采样实测数据，综合运用聚类分析法和主成分分析法对平桥河流域水体水质进行初步评价分析，选取如下指标：总氮（TN）、总磷、铵态氮、硝态氮（NO_3^--N）、亚硝态氮（NO_2^--N）、溶解性磷酸盐（PO_4^{3-}-P）和化学需氧量等。

2. SWAT 系列模型构建

运用 SWAT 模型，以及在其基础上进一步开发的小流域水文模型（SFHM）、小流域水质模型（SFWQM），模拟平桥河流域流量和营养盐输出过程。将改进模型与 SWAT 模型原始的模拟结果进行对比分析，并进一步根据研究区域特征，进行参数敏感性分析和模型不确定性分析。

3. AnnAGNPS 模型构建

综合采用平桥河流域实际监测、经验参数和已有文献研究资料确定模型参数，采用摩尔斯分类筛选法对模型水文、泥沙和氮磷营养盐模块的参数进行敏感性分析，并且结合实测数据对模型进行校准与验证，完成模型数据库的建立，从而构建适合平桥河流域的 AnnAGNPS 模型。

4. 流域水文水质模拟及分析

将构建的 AnnAGNPS 模型用于对平桥河流域水质（氮磷营养盐）模拟，基于模拟结果对氮磷营养盐时空变化规律进行分析，并且对氮磷营养盐削减做情景模拟，从而针对流域水污染问题提出防治对策与建议。

1.3.2 技术路线

本书选取 2015 年的数字高程模型（digital elevation model，DEM）和 2015 年 GF-1 影像等作为基础数据源，在平桥河流域实地调查中，获取真实可靠的数据资料，同时选择目前应用较为广泛且可适用于小流域研究的 SWAT 和 AnnAGNPS 系列面源污染模型，根据收集到的土壤、气象、地形和作物等资料对模型进行参数敏感性分析及适用性验证，完成模型的构建，同时利用多种模型对本地区的面源污染状况进行估算，明确平桥河流域的面源污染状况，为水库水源地涵养区的面源污染治理奠定基础，提出该地区面源污染管理措施和建议。技术路线如图 1-1 所示。

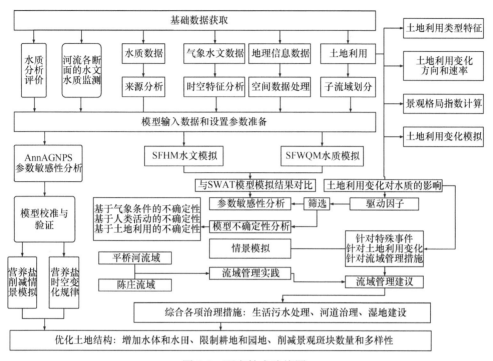

图 1-1　研究技术路线图

1.3.3　章节架构

本书共包括 9 章：第 1 章为绪论，包括选题背景与意义、国内外研究进展及研究内容与研究思路。

第 2 章为研究区概况与研究方法，主要对研究区概况和研究方法进行具体论述。

第 3 章为流域土地利用变化和模拟，进行流域空间数据特征分析和对比，并构建土地利用变化模型，分析土地利用变化趋势。

第 4 章为流域水文水质监测与分析，进行野外调查、监测，并采用聚类分析法和主成分分析法分析水质数据，从而对平桥河流域水质进行科学客观的评价。

第 5 章为基于 SWAT 系列模型的流域水文水质模拟，运用 SFHM 和 SFWQM 对研究区域的流量与营养盐输出进行模拟，并将模拟结果与 SWAT 模型模拟的结果进行对比分析。

第 6 章为基于 SWAT 系列模型的情景模拟与分析，对比分析基于自然和人类活动事件、特定土地利用类型和流域综合管理措施进行营养盐输出的情景模拟，并估算出研究区域各子流域营养盐负荷量，提出流域治理建议。

第 7 章为基于 AnnAGNPS 的面源污染模型构建与调优，基于 AnnAGNPS 交互界面、编辑器完成地形、土壤、土地利用、气象、作物等参数的输入，将实测的流量和水质浓度用于模型的校准与验证，从而完成模型的构建。

第 8 章为基于 AnnAGNPS 的面源污染模拟与防治对策，基于自然和人类活动事件、特定土地利用类型和流域综合管理措施进行营养盐输出的情景模拟，并估算出研究区域各子流域营养盐负荷量，最终为流域治理提出建议。

第 9 章为结论与展望，为今后进一步对该流域长时间序列研究和类似地区的研究奠定基础。

1.4　本书内容摘要

乡村小流域面源污染已经成为流域水环境质量恶化和湖泊富营养化的重要原因。乡村小流域水生态保护不仅关系到农村的生活环境，也关系到流域水资源的可持续开发利用。因此，全面地研究和科学地分析乡村小流域面源污染的情况并提出有效的流域综合治理措施是一项迫在眉睫的重要任务。

本书选择典型水库水源地乡村小流域为研究区域，通过实地调查、土壤采样、土地利用和河网划分等手段选定流域水体污染监测点，进行水体样品采集和营养盐指标检测；基于各监测点 2014～2016 年的周数据，综合运用聚类分析法和主成分分析法综合评价目标流域水体水质；通过文献资料查找、实地调查和野外原位监测等方法获取水文水质参数，并采用摩尔斯分类筛选法对各参数进行敏感性分析，构建流域 AnnAGNPS 模型，对流域氮磷营养盐进行综合模拟和不同土地利用、自然以及人为活动情景下的流域污染的时空变化及迁移情况分析，最终提出流域综合管理的可行性措施和手段。本书从目标流域水环境质量现状、流域土地利用、社会经济、产业结构、污染源状况、流域生态圈层状况及演变趋势分析等多角度，全面分析流域面源污染情况和流域自然环境以及社会经济发展模式对水环境的影响，为流域面源污染治理提供了翔实的技术支撑。研究结果可为位于流域水库水源地的乡村小流域的水环境保护和科学合理的水资源管理提供决策参考与科学依据。

在对目标流域面源污染的具体分析上，本书主要研究结论如下。

（1）流域水质评价结果表明，枯水期和平水期水质以氮污染为主，丰水期水质以氮和磷污染为主。空间变化分析结果表明，中上游丘陵河谷区和下游紧邻平桥社区的平原区水质以氮和磷污染为主；下游暗沟出口区水质以氮污染为主。

（2）SWAT 模型的改进模型 SFHM 和 SFWQM 在研究区域的适用性更优。

SFHM 对流量模拟的 R^2 为 0.88，E_{ns} 为 0.86，优于 SWAT 模型（R^2 为 0.80；E_{ns} 为 0.71）。SFWQM 对水质指标模拟的 R^2 为 0.93，E_{ns} 为 0.92，也优于 SWAT 模型（R^2 为 0.91；E_{ns} 为 0.89）。在模型的稳定性方面，SFHM 和 SFWQM 也比 SWAT 模型表现更好，主要体现在：第一，率定期和验证期的 R^2 与 E_{ns} 差距较小，而 SWAT 模型对大部分指标在率定期的模拟好于验证期；第二，对平桥河流域的模拟精度接近，而 SWAT 模型的水文模拟和水质模拟更精确。

（3）构建 AnnAGNPS 模型并分析参数敏感性，结果表明径流对 SCS 曲线（CN）最敏感，其次为田间持水量（FC）。氮磷营养盐整体对 CN、化肥施用量（FER）和坡长（LS）较敏感。总氮对 FER 最敏感。颗粒态氮对 LS 最敏感。溶解态氮对 CN 最敏感。磷营养盐均对 FER 最敏感。经过校准后的 AnnAGNPS 模型能较好地用于平桥河流域的模拟与研究，具有较好的适用性。

（4）基于 AnnAGNPS 模型的氮磷营养盐时间尺度结果表明，年均总氮、总磷污染负荷输出量分别为 46190.52 kg、1797.23 kg，其中颗粒态氮、颗粒态磷分别占 84.2%、81.2%。在丰水期，总氮、颗粒态氮、总磷和颗粒态磷污染负荷输出量较大；在平水期和枯水期，总氮、总磷污染负荷输出量相对较小，均以溶解态输出为主。空间尺度结果表明，单位面积氮磷污染负荷量均呈现从上游向下游依次增加的特点，相比氮污染负荷量，磷污染负荷量流失较少。

（5）氮磷流失负荷量和流失形态在不同土地利用类型上存在显著差异。耕地对氮磷二者流失负荷量贡献最大（95.6%），裸地对氮流失负荷量贡献最小，而林地对磷流失负荷量贡献最小。氮污染负荷在茶园、林地和建设用地的主要输出形态为溶解态氮（均占 94.6%），耕地的氮污染负荷以颗粒态氮为主（84.5%）。磷污染负荷在耕地、裸地和茶园的主要输出形态为颗粒态磷，依次约占各土地利用类型磷污染负荷流失总量的 69.2%、99.6% 和 100%，建设用地磷污染负荷主要输出形态为溶解态磷。

（6）平桥河流域生活污水处理、河道改造和湿地建设都能有效减少营养盐流失，单个措施的削减幅度在 5% 左右。结合三项措施，削减幅度能进一步加大，但就平桥河流域的实践来看，工程治理措施在水质较差的情况下，对氮磷营养盐的削减显著、见效快，但在水质已有较大改善的情况下，削减氮磷营养盐难度很大，应结合土地优化一并实施。土地利用变化的水质效应显示，水体削减营养盐排放的效果最显著，其次是林地、水田，建设用地、裸地会少量增加营养盐排放，旱地、园地会较多地增加营养盐排放。因此，从控制营养盐流失的角度，控制旱地和园地规模，以及增加水体、林地和水田比例是有效的管理措施。在土地利用方式变化的过程中，由于翻动土壤，会出现半年以内、短期的营养盐流失的增加，之后恢复到正常水平。改善流域的景观结构也能减少营养盐流失，具体包括增大斑块规模、减少斑块数量、降低斑块多样性等。

（7）基于水质评价、参数敏感性分析及流域氮磷营养盐削减情景模拟（无任何施肥、仅施一次底肥和施肥量变为当前的 50%三种施肥方式）可知，氮磷营养盐污染负荷主要来源于施肥，同时受坡度、生活污水和畜禽养殖的影响，因此可从源头和扩散途中进行防治与控制。建议减少施肥量，合理选择施肥时间；对于坡度大于 15°的坡耕地进行退耕还林，减少人为扰动。另外，建立生态缓冲带、小流域出口处布设塘坝或湿地、减少对畜禽的养殖、提高居民环保意识以及完善污水管网设施。

第 2 章

研究区概况与研究方法

2.1 研究区概况

2.1.1 自然状况

1. 地理位置

天目湖地处江苏省溧阳市南部,被称为"长江三角洲经济圈中最后一片净水",是一处集农业生产、旅游观光、环境保护和饮用水水源地于一体的国家5A级旅游景区与省级自然保护区,但近年来天目湖水质逐年恶化。本研究区平桥河流域位于天目湖上游(图2-1),地处119°25′E~119°28′E、31°9′N~31°14′N,流经耕地、茶园、平桥石坝、平桥社区,最终流入天目湖,其河道总长10.43 km,落差432 m,流域面积19.87 km²,是天目湖水库上游重要的水源涵养地,因此,从源头治理面源污染,能有效改善天目湖水库水源地水质状况。

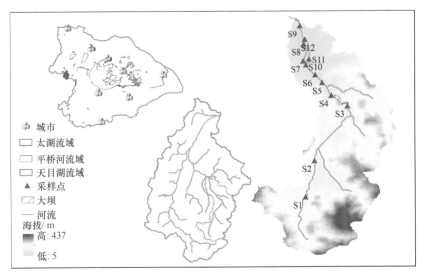

图 2-1 平桥河流域及采样点分布

2. 气候

平桥河流域位于天目湖流域的东南部,地处北半球亚热带和暖温带的过渡地带,属亚热带季风气候,雨量丰沛,日照充足,温和湿润,四季分明,气候宜人。溧阳市气象站1953~2016年观测记录资料统计显示,平桥河流域内全年平均无霜期 224 天，年平均温度 15.8℃，1 月平均温度最低，7 月平均温度最高。极端最高气温为 41.5℃，出现在 2013 年 8 月 10 日；极端最低气温为−17℃，出现在 1955 年 1 月 7 日。历年平均降水量为 1149.7 mm，平均雨日 89 天，平均风速为 2.0 m/s，平均日照 1981.6 h。四季特征主要为夏、冬季历时长，春、秋季历时短，受梅雨和台风共同影响，降水集中在 5～9 月。

3. 地形地貌

平桥河流域属天目山余脉西段，地貌类型主要包括平原圩区、低山和丘陵等，新构造上升运动和岩性坚硬等综合因素导致由北向南呈平原向低山丘陵过渡，整体地形较为复杂，系半低山丘陵半圩乡地区。流域内最高海拔 437 m，最低海拔 5 m，相对高差 432 m，最大坡度 45°，最小坡度 0°。主河道两侧海拔较低、坡度较小，地形较为平坦。平桥河流域中上游地区海拔较高、坡度较大，地势起伏较大，较容易发生土壤侵蚀。而下游地区海拔较低、坡度较小，地势起伏不大。

4. 土壤与植被

研究区土壤按土种分为黄棕壤（黄沙土）、粗骨土和水稻土（淀沙土）。其中黄沙土所占面积最大（13.17 km²），占流域面积的 66.28%，上游、中游和下游均有分布；粗骨土次之（4.35 km²），占流域面积的 21.89%，主要分布在上游山林地区；水稻土（淀沙土）面积最小（2.35 km²），占流域面积的 11.83%，主要分布在流域下游地区。平桥河流域植被可分为常绿阔叶林、针叶林、灌草丛等，大部分植被类型为毛竹、马尾松、杉木及其他经济林构成的人造林或者天然林，其中经济林较少。但由于人类经济活动的影响，原生植被因受到较严重的破坏而保留较少，森林植被主要是人工植被，主要有毛竹、马尾松、茶园及各种经济林。根据 2015 年 GF-1 遥感影像将平桥河流域解译为水体、林地、建设用地、裸地、茶园及耕地等土地类型（图 2-2），其中林地所占面积最大，占流域面积的 69.20%，集中在流域上的丘陵山地；其次为茶园及耕地，占 17.92%；再次为建设用地，占6.84%。

2.1.2　社会经济状况

天目湖镇位于江苏省溧阳市南部，地处江苏、安徽和浙江三省交界处，全镇区域面积约为 239 km²，2014 年总人口约 7.76 万人。2015 年全镇实现地区生产总值 53.9 亿元，财政总收入 6.86 亿元，工业总产值 134 亿元，农业总产值 7.35 亿元，农民人均纯收入 28297 元。在全镇行政区划面积不变的情况下，该镇的总人口、从业人口以及财政收入均从 2007 年开始保持上升趋势，其中该镇 2015 年的总人口比 2007 年的 6.64 万人增加了约 8000 人；从业人口由 2007 年的 3.12 万人增加至 2015 年的 3.44 万人；2015 年的财政收入达到 2007 年的 2.5 倍。

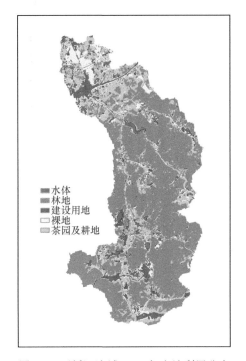

图 2-2 平桥河流域 2015 年土地利用分布

天目湖镇的特色农业以茶叶生产为主导，全镇白茶种植面积约 11 km²，年产量约 10 万 kg，产值 2 亿多元；绿茶种植面积约 10 km²，年产量超过 10 万 kg，产值超亿元；黄金芽茶种植面积约 6.67 km²，产值超千万元。除了茶叶，天目湖镇的主要农作物还有水稻、油菜、小麦和玉米等，稻田采用水旱轮作制度，夏季种植水稻，秋季水稻收获后种植油菜或冬小麦。随着科技和经济的发展，目前天目湖镇已建设了 26.67 km² 大棚等高效设施农业，主要种植果树、大棚草莓、蔬菜栽培和花卉苗木等，每亩①平均效益达 6000 多元。同样，该镇的粮食产量也保持

---

① 1 亩≈666.67 m²。

一种上升趋势，2015 年的粮食产量是 2007 年的一倍多。

天目湖作为国家 5A 级旅游景区、国家生态旅游示范区和国家级旅游度假区，流域内森林覆盖率高达 84.5%，拥有沙河和大溪两座国家大型水库，2015 年旅游区接待游客 432 万人次，旅游收入达 16.45 亿元，约占全镇地区生产总值的 31%，对天目湖镇的发展起着至关重要的作用。

天目湖镇位于溧阳市南部，241 省道纵贯全镇南北，宁杭高速公路溧阳南道口坐落在区域内，溧阳高铁站紧邻镇区，交通十分便捷，为天目湖镇社会经济发展提供了便利。然而，随着产业的不断发展、人口数量的增加以及生活水平的提高，人们向自然界索取更多的资源，生产和生活过程中产生的垃圾也急剧增加，这将对自然资源和环境造成破坏，给水环境带来的压力也与日俱增，因此，该镇保护水源地的重任也越来越艰巨。

2.1.3　面源污染现状

天目湖作为国家级大型水库，不仅承担着溧阳市 70 多万人口的饮用水供给，同时也关系着溧阳市乃至太湖流域的社会经济与生态可持续发展，因此，天目湖及其上游水源地的水质、水环境等问题备受关注，研究者从各个角度对天目湖及其汇水流域的水环境进行了研究（艾敏，2008；李兆富等，2012；牛城等，2014）。然而，目前还未有人基于周尺度的水质监测数据，利用 AnnAGNPS 模型专门对平桥河流域水质进行相关研究。经实地考察发现，平桥河流域内林地、耕地、居民点和建设用地等布局相对分散，主要沿平桥河干流分布，且畜禽多为散养与放养，污水处理设施相对缺乏，农业和生活污染成为该流域内主要的面源污染。此外，随着天目湖景区的不断发展，游客数量增加，旅游业对该流域水质造成的影响也不容忽视。

1. 化肥农药污染

天目湖镇主要农作物为水稻、油菜和小麦等，其中特色农业以茶叶生产为主导，此外该镇还种植蔬菜、果树、桑树和榉树等。平桥河流域内林地面积广阔，尤其是竹林，占地面积约为 13.75 km²，但该流域内林地基本不施肥或施肥量少到可以忽略不计。该流域内主要的施肥对象为耕地（主要种植水稻、油菜、小麦、蔬菜和黄桃等）和茶园，占地面积约为 3.56 km²。其中水稻、油菜或小麦采用水旱轮作制度种植，夏季种植水稻，秋收后种植油菜或冬小麦。水稻一年施肥 4～5 次，主要施用复合肥、尿素和碳酸氢铵，每亩种肥 20～25 kg、追肥 30～35 kg、基肥 12.5～

15 kg、秋肥 25～30 kg；油菜每年施肥 4 次，主要为复合肥和尿素；蔬菜均施高效有机肥，每年每亩蔬菜地施肥量约为 1000 kg；黄桃每年每亩施复合肥量和尿素量为 20～30 kg。茶园种植面积约为 0.65 km²，一年施肥 3 次，分别为催芽肥（每亩复合肥 20～25 kg）、追肥（每亩复合肥 20～25 kg、菜饼肥 350 kg）和冬肥（每亩菜饼肥 359 kg）。由于平桥河流域属于亚热带季风气候，雨量丰沛，且该区域以黄棕壤（黄沙土）为主要土壤类型，保土保水性差（聂小飞等，2013），各种有机肥和无机肥易随着水土流失而迁移，最终进入河道和水库，成为水库水质恶化的最主要原因。

2. 养殖业污染

溧阳市统计年鉴数据显示，2015 年天目湖地区畜牧业发展势头良好，生猪全年饲养量 5.75 万头，山羊年末存栏量 1.36 万只，家禽年末实有 5.67 万只。平桥河流域内的家禽饲养以鸡、鸭、鹅为主，有一半以上的农户会饲养 10～20 只，家禽饲养主要采取散养和圈养两种方式；家畜以羊为主，但养羊的农户不多（每个村约有两三家），且以小规模养殖为主（每户养殖 10 只左右），同样也是采取散养与圈养两种方式。在走访的过程中，经常可以看到成群的鸭、鹅在河道里觅食游泳，鸡群在河岸边觅食。散养羊群的活动范围则集中在山坡上。在饲养畜禽的过程中，其粪便的处理方式还不够科学合理，有的将粪便露天堆砌，待其发酵后作为有机肥施入农田当中，有的则直接放任不管。由此可见，散养畜禽的方式造成的污染面积更大、随机性更强，畜禽养殖造成的污染也成为水质恶化的主要原因之一。

3. 生活污染

研究发现，1984～2004 年，天目湖流域的城镇居民用地面积迅速扩张，由 2.84 km² 增至 4.93 km²，净增 2.09 km²，增幅约为 73.6%（李国砚等，2008）。《溧阳年鉴 2015》（《溧阳年鉴》编撰委员会，2015）显示，2014 年底起镇区建成面积为 9 km²，该镇的城镇建设用地面积呈现上升的趋势。人口增长和城镇建设用地面积的不断扩张对水环境造成的面源污染也是不容小觑的。平桥河流域内居民点和建设用地呈现出中下游相对集聚稠密，上游相对分散稀疏的特征。其中，上游和下游地区多数村庄的生活污水通过化粪池进行简单处理之后再排出，平桥社区产生的生活污水则通过下水道输运至溧阳市进行集中处理和净化，这在一定程度上减轻了生活污水对水质的影响。然而，该流域内依然采取雨污合流的方式，部分地区铺设暗沟等将生活污水和雨水导入河道；有些家庭和工厂将生活和生产污水未经处理直接排入水体中；居民在河边洗菜和洗衣服等现象更是十分普遍。这些均是研究区域重要的生活面源污染来源。

4. 旅游业污染

天目湖旅游度假区自 1992 年 4 月建成以来，其基础设施及相关产业得到迅速发展，目前，该景区已经获得国家 5A 级旅游景区、国家湿地公园、国家生态旅游示范区和国家森林公园等荣誉称号，景区接待的游客数量逐年递增，2014 的游客数量比 1992 年增长 20 倍。在发展旅游业的过程中，不可避免地对当地生态环境造成了一定程度的破坏和污染，主要包括两方面：一方面水资源的大量消耗，旅游景区内的各类产业及其基础设施对水量的需求是巨大的，随着游客数量的剧增，景区的发展对当地水资源承载力造成了巨大的压力；另一方面景区内的产业特别是工业在运转过程中排放废水和污水，以及游客在游览过程中会产生很多垃圾，尤其是一些无法被降解再利用的垃圾，诸如此类的行为造成的水污染治理难度是非常大的。

2.2　研　究　方　法

2.2.1　统计分析和图表绘制

本研究涉及的主要统计分析方法包括时空序列分析、相关分析、聚类分析和线性拟合分析等，主要图表呈现方式包括柱形图、饼图、散点图和聚类图等，具体运用到的软件和方法如下。

1. R Studio 3.5.1

该软件主要进行观测原始数据（水质数据和气象数据等）和模型输出结果原始数据的预处理，以及标准化处理和数据计算。

2. IBM Statistics 19.0

该软件主要进行相关分析、聚类分析和线性拟合分析，其中聚类分析的图表由该软件绘制。

3. Origin Pro 2017

该软件主要进行时序数据的处理，大部分统计结果的呈现由该软件完成，主要包括折线图、柱形图、饼图和散点图等。

2.2.2 空间数据处理和土地利用变化分析

本研究的主要空间数据涉及 DEM、水系、交通线、土壤和土地利用变化的地图等，其中由于土地利用变化分析为本研究的主要分析和模拟内容，因此采用专门的软件分别进行统计分析和变化模拟，具体情况如下。

1. ArcGIS 10.4

所有地理信息数据的预处理，包括遥感数据、DEM、水系、交通线、土壤和土地利用变化的地图投影变换和地理配准。其中，平桥河流域的水系干流采用已有的水系分布图，支流采用水文工具自行提取并做少量修改。如果流域由于形态结构较为特殊，采用实际踏勘后的结果进行手绘。在 DEM 和水系提取的基础上计算了坡度、坡向并绘制成图。交通线和居民点分布的情况类似。ArcGIS 还为本研究使用的 SWAT 模型 ArcSWAT 2012 提供平台（Olivera et al.，2006）。

2. Fragstats

Fragstats 软件是用来计算各种景观指标的分析工具（McGarigal，2015），该软件在景观学和空间分析方面有较广泛的应用（康愉旋，2019），应用场景包括流域景观分析和变化预测（陆熹，2017；其格乐很等，2019）。本研究应用该软件计算景观指数，并研究这些指数与水质之间的相关关系。

3. UGB_FLUS

UGB_FLUS 软件由中山大学团队开发，主要模拟土地利用变化（张韶月等，2019）。在本研究中该软件被用来进行平桥河流域土地利用变化的模拟。

2.2.3 多元统计评价法

为有效分析平桥河流域长期、连续监测获得的多采样点、多指标和高频率的水质数据，本书主要采用聚类分析法和主成分分析法。

聚类分析法主要根据观测对象之间的彼此相似程度达到"物以类聚"的目的。其中层次聚类分析（HCA）应用最为广泛（孙国红等，2011），其实质是根据观测变量（或样本）之间属性值的亲疏程度，以逐次聚合的方法，将最相似的对象结合在一起，直到聚成一类（Zhou et al.，2007a）。可以分成 Q 型聚类分析（对样品的聚类)和 R 型聚类分析(对变量的聚类)(Brown，2012)。亲疏程度的计算包括两种方式:一种是计算样本间距离,另一种是计算样本与小类间、小类内距离。其中前者的测量方法有欧氏距离法、平方欧氏距离法和切比雪夫距离法等,后者有最短距离法、中心法、离差平方和法(又称 Ward 法)等(周丰等,2007)。本研究采用 IBM SPSS Statistics 19.0 分别对平桥河流域 12 个采样点和 12 个月进行层次聚类分析,并通过离差平方和法与平方欧氏距离法(Huang et al.，2012; Ye-Na et al.，2011)完成亲疏程度的计算,从而生成树状图。

主成分分析法属于因子分析范畴(Tanrıverdi et al.，2010),可以从多元事物中解析出主要影响因素,揭示其本质,简化复杂的问题。其原理(万金保等,2009)为在原坐标系的数据点图中找到数据点"波动"最大的方向(第一个方向),将其作为第一个新的坐标轴方向,数据点在该坐标轴上的坐标为第一主成分,接着再寻找第二个方向,第二个方向与第一个新的坐标轴垂直且最能反映数据点的"波动",将该方向作为第二个新的坐标轴方向,数据点在该坐标轴上的坐标为第二主成分,以此类推获得能够表达原始信息的所有主成分。计算主成分的目的是在最大限度地保留原始数据信息的基础上,将高维数据投影到较低维空间,实现数据的简化和潜在信息的挖掘(Udayakumar et al.，2009)。目前,主成分分析法主要应用在水质评价中以下两方面(刘小楠和崔巍,2009):建立综合评价指标,评价各采样点间的相对污染程度,并对各采样点的污染程度进行分级;评价各单项指标在综合指标中所起的作用,直到删除次要的指标,确定污染的主要成分。其评价步骤(惠璇,2005)主要包括数据标准化、相关系数矩阵计算、特征值和特征向量计算、贡献率计算和综合分析。本书基于层次聚类分析的结果分别进行主成分分析,从而找出平桥河流域水质污染的主要因素。

2.2.4　AnnAGNPS 模型

1. 模型简介

AnnAGNPS 模型是由美国农业部农业研究局(USDA-ARS)与美国农业部自然资源保护局(NRCS)联合开发,采用标准 ANSI Fortran95 编写,适用于评估农业流域内面源污染的先进模型。该模型属于分布式、连续性比较强的水文水质物理参数模型,包含水文、泥沙及点源污染模拟三个功能模块,已与地理信息系统软件紧密相连,可适用于对 3000 km² 以内的流域复杂水文过程和水质分布进行模拟与预测。目前该模型已被国内外学者应用于区域范围、气候、地形、土壤和植被等条件各异的流域内，对径流、泥沙、营养盐输出负荷和机理进行模拟及预测。

国外研究者对 AnnAGNPS 模型的研究集中在水文过程模拟、水质预测、土地利用方式和农耕措施对面源污染的影响及水资源管理等方面。Das 等（2006）基于安大略湖南部的一个流域研究发现，AnnAGNPS 模型模拟的径流量低于实测值，产沙量的模拟值高于实测值，误差尚处于可接受范围之内。Tsou（2004）模拟美国中部 Bedrock Creek 流域的径流量和产沙量，结果表明月尺度的径流量和产沙量的模拟值与实测值相当，产沙量明显受到产流的影响，并对土地类型和农业耕作措施非常敏感。也有学者将 AnnAGNPS 模型应用于暴雨事件下流域产流产沙的模拟和预测。例如，Shrestha 等（2006）发现 AnnAGNPS 模型对尼泊尔 Masrang Khola 小流域暴雨事件下的径流量的模拟预测精度最好，对产沙量的模拟结果则相对较差；Yuan 等（2001）通过 AnnAGNPS 模型在美国密西西比州的 Deep Hollow 流域暴雨事件水文过程模拟的研究中发现，该模型对径流量模拟的精度较高（$R^2=0.9$），对产沙量模拟的精度较低（$R^2<0.5$），随着研究时段延长，该模型对产沙量模拟的精度不断提高，即该模型对短时段内的产沙量模拟精度不理想，随着时段增加，模拟精度也有所增加。作为一种相对较新的模型，AnnAGNPS 模型在加勒比海的圣卢西亚分水岭（Sarangi et al.，2007）、尼泊尔的西瓦利克山脉（Shrestha et al.，2006）和密西西比三角洲比斯利湖流域（Yuan et al.，2008）对径流量、产沙量和径流峰值等的模拟精度及误差得到了评估，得出相似的结论，即 AnnAGNPS 模型对径流量的模拟精度高且误差小，而对产沙量和径流峰值的模拟存在更多的不确定性，精度较低，误差相对偏大。此外，Sarangi 等（2007）还发现在加勒比海的圣卢西亚分水岭，AnnAGNPS 模型对农业流域的径流量和产沙量模拟的效果好于森林流域。也有学者基于改进后的模型探讨流域水资源最佳管理策略。例如，Qi 和 Altinakar（2011）通过将 AnnAGNPS 模型、CCHEID 和仿生算法 Tabu 禁忌搜索，对美国密西西比州北部的 Goodwin Creek 实验小流域进行了研究，并对该流域的集水域的最佳管理措施进行了讨论。虽然有部分学者将 AnnAGNPS 模型应用于流域内营养盐的模拟和预测当中（Baginska et al.，2003；Shamshad et al.，2008），但相对来讲，这方面的研究还比较少。

近年来，国内对 AnnAGNPS 模型的研究也大幅度增多。例如，王飞儿等（2003）、黄金良（2004）和邹桂红（2007）等发现 AnnAGNPS 模型在千岛湖流域、九龙江流域和大沽河流域等流域内存在较好的适用性。孙正宝等（2011）在地理信息系统软件的辅助下，研究了 AnnAGNPS 模型在重庆陈家沟小流域应用过程中的参数敏感性、参数率定与验证等适用性，并对该流域在 2011～2020 年农业面源污染的两种情景进行了模拟和分析。AnnAGNPS 模型对流域内地表径流、泥沙、氮磷等的模拟和预测成为一个新的研究热点。花利忠（2007）利用 AnnAGNPS 模型对大宁河流域的土壤侵蚀泥沙产量进行了模拟，发现模型对年尺度和月尺度的径流和泥沙模拟结果比较理想；田耀武等（2011）发现，AnnAGNPS 模型在黑沟小流域内对氮的模拟预测效果较好，对泥沙的模拟精度则一般，对磷的模拟存在很大的不确定性；Li 等（2015）利用 AnnAGNPS 模型模拟了天目湖中田河流域内径流氮、磷输出负荷，发现该模型在模拟年尺度地表径流输出量精度最高（精度大于 0.9），月尺度氮输出负荷拟合较好（精度大于 0.8），月尺度磷输出负荷模拟精度则不太理想；Luo 等（2015）利用 AnnAGNPS 模型在对天目湖吴村小流域径流、总氮和总磷输出负荷模拟应用过程中得出了相似的结论，并进一步通过对 AnnAGNPS 模型在吴村小流域的参数敏感性分析发现，施肥量、有机肥、郁蔽度和无机肥对总氮的输出最为敏感；邬明伟（2012）应用 AnnAGNPS 模型对中田河流域 2006～2010 年径流、泥沙、氮磷等的输出负荷和时空分布特征进行了模拟与分析，并提出了该流域内面源污染的防治措施；席庆（2014）运用该模型对中田河流域进行了长时间序列（1975～2018 年）的氮磷等营养盐输出进行了模拟，并分别就土地利用类型和景观格局的影响分析进行了探讨。在利用 AnnAGNPS 模型模拟暴雨事件下的地表径流和泥沙输出负荷的研究中，洪华生等（2008）发现该模型基本可满足九龙江流域内降雨事件过程中径流和泥沙的模拟。此外，研究者还利用 AnnAGNPS 模型实现了对九龙江（黄金良等，2006）和御临河小流域等流域内不同面源污染管理措施的模拟和评价。随着研究的深入，有研究者引入一些算法模型对 AnnAGNPS 模型进行了改进，赵雪松（2016）在对汤河西支流域的面源污染模拟过程中，将 MULSE 模型引入到 AnnAGNPS 模型的土壤侵蚀模块中，使总氮和总磷的模拟值与预测值之间的误差分别降低 0.18 和 0.12。

综上所述，AnnAGNPS 模型在面积大小不一、气候各异和土地利用类型多样等流域内的径流、泥沙、氮磷及其他污染物质的迁移过程和输出负荷的模拟与预测中得到了较好的应用。AnnAGNPS 模型模拟和预测地表径流的精度较高，但对其他物质的模拟和预测存在较多的不确定性，模拟能力整体较差。因此，AnnAGNPS 模型对除径流以外的因素的模拟精度有待改进。同时也启示研究者应该根据研究对象和流域特征等方面严谨地筛选水质模型。有关 AnnAGNPS 模型在对流域内适应性、模拟预测精度和参数敏感性分析等方面的研究较多，对湖库水源地的污染物输出负荷，以及水资源的管理措施评价和情景模拟的相关研究还相对缺乏。由此，根据平桥河流域实际情况，本书选择 AnnAGNPS 模型对该小流域水质进行模拟分析，从水库水源地源头着手治理，有利于水库水源地从根本上改善水质环境。

2. 模型结构

AnnAGNPS 模型是一个连续模拟地表径流、泥沙和污染物负荷的分布式流域模型，其结构主要包括数据输入和编辑模块、污染负荷计算模块、数据输出和显示模块，其结构见图 2-3。其中数据输入和编辑模块主要通过 AnnAGNPS-ArcView交互界面、AnnAGNPS 数据库编辑器（AnnAGNPS Input Editor）和人工气候生成器（GEM）三个模块实现（图 2-4）。其中 AnnAGNPS-ArcView 交互界面实现 DEM、土地利用图、土壤图和气象图的空间叠加，从而完成研究区地理数据的获取。AnnAGNPS 数据库编辑器是完成模型所需的参数输入，用以构建模型的可视平台，同时可得到模拟结果。GEM 可根据不连续气象条件，生成模型所需的完整的长时间序列的气象参数。

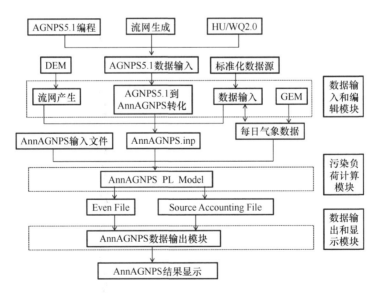

图 2-3　AnnAGNPS 模型系统结构

资料来源：徐琳和李海杰，2008

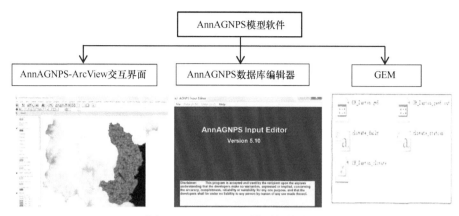

图 2-4 AnnAGNPS 模型软件构成

污染负荷计算模块主要由 AnnAGNPS.exe 构成，主要包括分室单元、沟道、河段、养殖场和点源处理五个过程。对分室单元处理可获得单元的潜在蒸发量、土壤湿度和沉积物等；对沟渠处理可计算沉积物的迁移情况；对河段处理可估算污染物在河道内的变化情况；对养殖场处理可估算出养殖场污染物输出负荷量；对点源处理可用来估算点源污染负荷输出量（时秋月和马永胜，2007）。

数据输出和显示模块可将模型输出结果按照单一事件、月和年不同尺度进行统计汇总，进一步产生其他类型的结果文件。

3. 模型运行机理

AnnAGNPS5.1 是一个可连续模拟地表径流、泥沙和营养盐污染负荷的分布式流域模型。模型根据流域水文特征将其划分成任意形状的分室单元，并将获取的DEM、土壤图、土地利用图和气象图等空间数据叠加在对应的分室单元上，并通过定义好的河网将各分室单元连接起来，以日为尺度对各分室单元的径流、泥沙和营养盐污染负荷进行模拟，最后通过汇集得到流域出口处径流量、泥沙量和氮磷污染负荷量。AnnAGNPS 模型以水文学为基础，其模拟过程见图 2-5，主要包括水文、侵蚀和泥沙输移、化学物质迁移三个过程。对于水文过程，主要采用 SCS 曲线模型计算日地表径流量，Penman 方程计算用于计算潜在蒸散发，TR_55 模型用于计算洪峰流量。对于侵蚀和泥沙输移过程，采用 RUSLE 预测各计算单元的土壤侵蚀，采用水文几何通用土壤流失方程（HUSLE）计算坡面泥沙至河道的输移率，并采用Bagnold 指数计算河道沉积率。对于化学物质迁移过程，则采用与 CREAMS 模型相同的公式来计算氮、磷、碳营养物质的颗粒态和溶解态浓度。

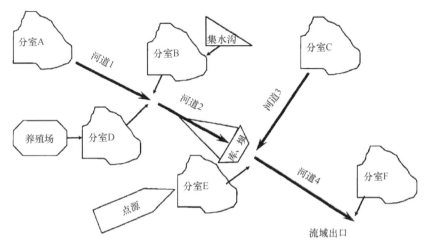

图 2-5 AnnAGNPS 模型模拟的主要过程

资料来源：Bingner et al.，2003

4. 模型模拟效率评估方法

根据国内现有的对 AnnAGNPS 模型的研究（Nash and Sutcliffe，1970；邹桂红等，2008），本研究对模型效率的评价指标主要采用相对误差（relative error，RE）、决定系数和纳什效率系数来对模拟结果进行评价。

1）相对误差

相对误差的评价指标为 RE，其值越接近 0，说明模拟值与实测值越吻合，模型精度越高。RE 的计算公式如下：

$$\text{RE} = \frac{S_i - Q_i}{Q_i} \times 100\% \tag{2-1}$$

式中，S_i 为模拟值；Q_i 为实测值。

2）决定系数（R^2）

决定系数用于实测值与模拟值之间数据吻合程度的评价，R^2 越趋近 1，说明模拟值与实测值拟合度越好，模型模拟精度越高。R^2 的计算公式如下：

$$R^2 = \left(\frac{\sum\limits_{i=1}^{n}(Q_i - Q_{\text{m}})(S_i - S_{\text{m}})}{\sqrt{\sum\limits_{i=1}^{n}(Q_i - Q_{\text{m}})^2 \sum\limits_{i=1}^{n}(S_i - S_{\text{m}})}} \right)^2 \tag{2-2}$$

式中，Q_i 为实测值；S_i 为模拟值；Q_m 为实测平均值；S_m 为模拟平均值；n 为实测值数量。

3）纳什效率系数（E_{ns}）

纳什效率系数 E_{ns} 越趋近 1，表明模拟效果越好，适用性越高。若 E_{ns} 为负值则模拟效果很差，其模拟平均值得可信度低于实测平均值（Moriasi et al.，2007）。E_{ns} 的计算公式如下：

$$E_{ns} = 1 - \frac{\sum_{i=n}^{n}(Q_i - S_i)^2}{\sum_{i=1}^{n}(Q_i - Q_m)^2} \tag{2-3}$$

式中，Q_i 为实测值；S_i 为模拟值；Q_m 为实测平均值。

5. 模型参数敏感性分析方法

模型参数敏感性分析用来评价模型输出结果随输入参数改变而发生的变化幅度大小，能够有效识别参数对模型输出的重要性及贡献率，从而有针对性地优选比较重要的参数，还可为后续模型验证提供依据。目前国内外对 AnnAGNPS 模型参数敏感性的研究较少，本书选用目前应用较为广泛的摩尔斯分类筛选法（Pradhanang and Briggs，2014），即从众多参数中选取一个参数 X_i，再按一定步长增减，运行模型得到一个输出值 Y_i，最后用敏感性指数 S 来评价所选参数的敏感性。其计算公式如下：

$$S = \frac{(Y_2 - Y_1)/Y_{12}}{(X_2 - X_1)/X_{12}} \tag{2-4}$$

式中，S 为敏感性指数；X_1 和 X_2 分别为模型输入参数的最小值和最大值；X_{12} 为 X_1、X_2 的平均值；Y_1、Y_2 分别为模型输入参数 X_1、X_2 对应的输出值；Y_{12} 为 Y_1、Y_2 的平均值。当 S 的绝对值大于 1 时，参数敏感性高；当 S 的绝对值介于 0.5～1 时，参数敏感性适中；当 S 的绝对值介于 0～0.5 时，参数敏感性很低。

2.2.5　土壤和水文评价工具模型

SWAT 模型由美国农业部农业研究局和得克萨斯农工大学农业研究所联合开发，是基于长时间尺度的流域分布式水文设置模型。经过 30 多年的实践和发展，SWAT 模型已经成为模拟水文水质情况和土壤水文过程最为主要与广泛应用的模型，其模型结构见图 2-6。SWAT 模型的主要特点是依靠水文过程、土地利用类型、土壤类型及流域管理和实践方式等几大模块进行大尺度综合的流域水文泥沙输出营养物质复合的模拟。

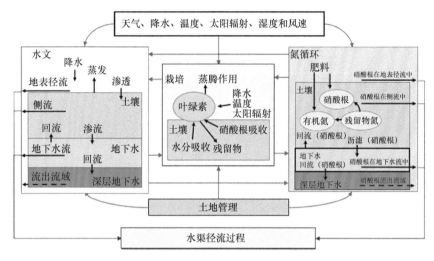

图 2-6　SWAT 模型结构

资料来源：Arnold et al.，2012

SWAT 模型以水文和土壤的运动过程为基础，跟踪和模拟流域内各物理过程与物质循环，主要包括水文过程、泥沙迁移和运输过程、氮磷污染物质转化和依附过程、植物生长和微生物分解过程。其开发基础之一是 RUSLE 模型，其中重要环节是关于土壤流失方面的过程模拟（Renard et al.，1991）。SWAT 模型对土壤的分层和研究较为细致，可以精确模拟地表径流、壤中流和地下水运动等多种水循环过程，尤其在纵向水文过程方面，对土壤下渗和蒸发计算精确。在植物生长模拟方面，SWAT 模型主要以北美地区的针叶林和旱作农田为基础背景，考虑作物生长、收获和施肥等各种农业生产与管理活动。在轮作制度方面，可以变换作物种类以达到更好的模拟实际情况。

在模型应用操作层面，SWAT 模型提供庞大系统的参数库，包括土地利用类型、土壤类型和植被类型等各种参数超过 1000 个。模型的时空适用性也较好，可以进行小流域的模拟，也可用于区域尺度流域的模拟；在时间的跨度上，一般以月为步长，可以进行数十年尺度的连续模拟和预测。作为一个长期发展的成熟模型，提供了不同的应用和操作场景，以及二次开发的平台。同时，由于有众多的使用者和模型的实践案例，可以比较好地参考和对比模型的模拟结果，相关的研究有很好的推广性和实用性。

2.2.6　小流域水文模型（SFHM）

在充分参考 SWAT 模型和 BASINS 系统中的其他主要模型如 HSPF 模型、WASP 模型后，结合本研究区域实际情况，开发了 SFHM 和 SFWQM，分别模拟小流域的水文过程和水质情况。其中 SFHM 的结构主要包括纵向水循环过程、横向水文过程和产流机制（图 2-7）。

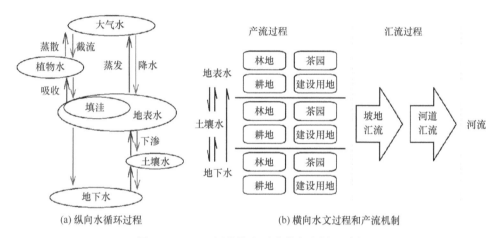

图 2-7　SFHM 涵盖的主要水体和水循环过程

SFHM 涉及的主要水体包括大气水、植物水、地表水、土壤水和地下水五大类 [图 2-7 (a)]。其中，地表水中的填洼水作为单独的一个类别加以着重讨论，也是基于本研究区域的特征而设置的。模型涉及的主要水文过程包括大气水和地表水之间的降水与蒸发、大气水和植物水之间的截流与蒸散、植物水和地表水之间的树干径流与吸收、地表水和土壤水以及地下水之间的下渗、土壤水和地表水以及地下水之间的运动等。相比于 SWAT 模型，模型对土壤水中间部分考虑得较为简洁和清晰，去除了分多层的结构设计，形成地表水向地下水的单向流动，原因是本研究区域并没有典型的喀斯特等地貌类型，地下水直接补给地表水的情况基本较少。

横向水文过程包括各种土地利用形式之间的独立水文过程和各种土地利用过程汇集的水体变化，包括土壤水、地表水和地下水在各土地利用形式之间流动[图 2-7 (b)]。汇流过程包括坡地汇流和河道汇流两部分 [图 2-7 (b)]。在水文单元计算完成之后汇总计算出流域的整个出口流量（图 2-8）。

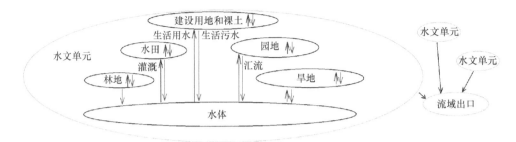

图 2-8 SFHM 中的水文相应单元和产流机制

SFHM 的主要优势在于：第一，适用于研究区，尤其是能在中国东南湿润区的丘陵地区有较好的适用性，能合理地处理土地利用复杂和变化激烈的情况，主要通过细化各种土地利用的参数分离土地利用形式带来的不确定性；第二，通过增加时间步长方面的配置选项来模拟较短时间内的土地利用和水质变化过程，如灌溉、施肥和土地整理等；第三，能在较小的空间尺度上达到较为准确的模拟；第四，SFHM 对水文的精准模拟可以为水质模型 SFWQM 提供准确的输入数据。

2.2.7 小流域水质模型（SFWQM）

SFWQM 主要用来模拟流域中的碳循环、磷循环和氮循环，其中包括大气、土壤、植物和水体的各个圈层之间的物理运动及生物地球化学循环。其中，碳循环是植物生存生长最主要的物质循环，研究的主体包括植物、土壤微生物以及水体 [图 2-9（a）]。其中涉及植物的过程包括呼吸作用和光合作用。由于植物根的特殊性，其呼吸作用受土壤有机碳和土壤微生物的生成环境影响较大，因此将其单独作为一个碳库进行研究。同时，由于研究区域植物主要为苗圃中的树苗、水田中的水稻、旱地中的小麦和玉米，这些作物的收获会对环境中的碳循环有巨大影响，因此在模型中考虑了收获过程。与植物紧密相连的是土壤碳库和土壤微生物碳库，其中土壤微生物与植物之间的关系更为紧密，其碳交换主要发生在植物根部和土壤微生物之间。此外，土壤微生物也有自己的呼吸作用。土壤中还包括非生物形态存在的有机碳和无机碳，有机碳和无机碳会在土壤碳库中相互转化。植物根茎凋亡及微生物死亡之后都被考虑为直接进入土壤碳库，而植物的枯枝落叶在模型中仅以20%的比例进入土壤碳库，80%以收获方式被处理掉，其主要原因是流域所处中国东南地区的典型乡村有较好的秸秆收集和堆肥处理。水文过程中的碳循环包括可溶性碳和颗粒碳，这里主要考虑可溶性碳 [图 2-9（a）]。

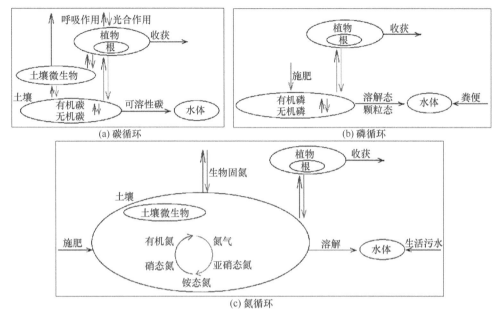

图 2-9　SFWQM 模拟碳、磷、氮循环过程

与碳循环类似，SFWQM 中对磷循环模拟过程也主要包括植物磷库和土壤磷库，其中植物磷库中的根被单独考虑 [图 2-9（b）]。由于土壤微生物在磷循环中的活跃度不及碳循环，因此不单独考虑。在自然过程模拟上只简化考虑植物对磷的吸收利用和植物凋亡后进入土壤中的磷，以及土壤内部有机磷和无机磷的相互转化。在人类活动方面考虑植物的收获和对土壤的施肥。在磷流失过程中，对颗粒态磷和溶解态磷单独计算，并增加粪便等直接进入水体的磷排放。

氮循环是水质模拟中最主要的物质循环过程。氮作为重要的营养元素，与植物生长、土壤微生物的生物作用以及人类的农业和生活活动密切相关。氮循环中的氮有不同的存在形式，主要包括氮气、硝态氮、亚硝态氮、铵态氮和有机氮等。在植物方面，植物主要作为氮的索取者，从土壤中吸收氮元素用于自己的生长。同时，植物腐败的根和凋落的枯枝落叶中的氮有一部分进入土壤氮库。在土壤中有一系列活跃的反应，包括土壤微生物对各种形式氮的转化，这些转化基于土壤微生物的生物化学过程，具体包括硝化过程、反硝化过程、生物固氮和有机氮转化。与磷循环类似，氮循环中考虑的人类活动也包括植物收获、施肥和生活污水直排 [图 2-9（c）]。

对于碳库、氮库和磷库中不同速率的元素流失，SFWQM 分别设计出快速库和慢速库来模拟元素代谢过程（图 2-10）。

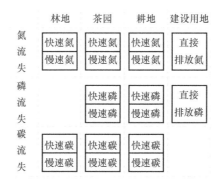

图 2-10　SFWQM 模型中的碳库、氮库和磷库

在碳、氮、磷三者循环的耦合关系上，同时作用于植物和土壤过程的参数有更广泛的关联性和敏感度，其中典型的参数如图 2-11 所示。

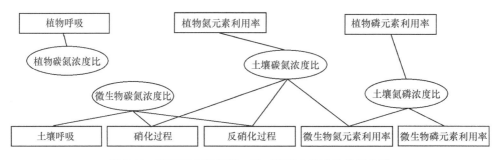

图 2-11　SFWQM 涉及碳、氮、磷耦合关系的关键参数

第 3 章

流域土地利用变化和模拟

3.1 流域基础地理要素分析

流域空间结构特征和土地利用形式是流域的基础信息资料，也是水文水质时空变化的驱动因子。本章进行流域空间数据特征分析和对比：第一，基础地理要素分析；第二，土地利用的指标分析；第三，流域土地利用变化的模拟。在三个分析阶段中分别对平桥河流域进行计算和模拟。流域的空间特征分析包括 DEM、坡向、坡度、土壤类型、居民点和交通线分布、水系分布、距离居民点距离、距离交通线距离和距离水系距离等。

1. 平桥河流域地貌特征

平桥河流域位于江苏、安徽交界地带的天目山余脉，主要地形为丘陵和谷地，在下游分布有较大面积的平原。流域平均海拔为 66 m，整体分布变化趋势为由东南向西北递减 ［图 3-1（a）］，流域上游（南部）70% 的面积为丘陵和谷地，海拔一般在 70 m 以上，平均海拔 87 m；流域下游（北部）30% 的面积为平原，海拔一般在 50 m 以下，平均海拔 42 m（杨超杰，2017）。全流域最高点为东南方向的宜溧山脉的山脊，也是天目湖流域和苕溪流域的分水岭，海拔 436 m；全流域最

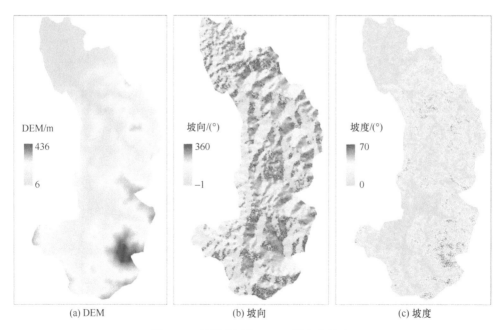

(a) DEM   (b) 坡向   (c) 坡度

图 3-1 平桥河流域 DEM、坡向和坡度

低点为位于西北方向的流域出口，也是沙河水库的回水尾部，海拔 6 m，由于沙河水库蓄水的影响，流域平均水位在 21 m。从 DEM 中还可以看出，主要的山脉和河流的走向，丘陵和沟谷的特征明显，基于 DEM，计算出坡度和坡向，进行进一步分析。

平桥河流域的坡向数值表示方位角，其中 0° 为正北方向，180° 为正南方向。由图 3-1（b）可以看出，平桥河流域坡向分布差异性比较明显，存在着明显的山脊线和沟谷线，而且山脊线和沟谷线大部分呈南北走向。

通过 DEM 数据，利用 ArcGIS 软件自动生成平桥河流域的坡度分布 [图 3-1（c）]。流域的平均坡度在 5.7°，平桥河流域由于地处天目山山麓地带，其中上游和中游地区（南部和中部）都存在坡度大于 10° 的斜坡或陡坡，下游（北部）以平原和岗地为主，坡度小于 5°。全流域坡度最高值为 70°，位于流域的东南角，也是海拔最高点附近，无坡度地区主要分布在流域下游和出口附近（西北角）。

2. 平桥河流域子流域划分

利用 ArcGIS 软件，结合流域的实地野外调查和水质采样点设置，将平桥河流域划分为 12 个子流域。其中 U1~U4 为上游，D1~D5 为下游，T1~T3 为支流流域，该支流流域主要位于城镇地区 [图 3-2（a）]。

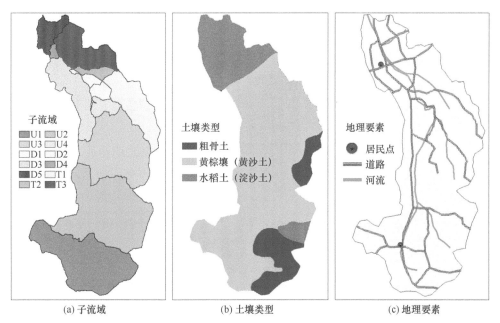

图 3-2　平桥河流域子流域划分、土壤类型和地理要素分布

3. 平桥河流域主要土壤

根据流域的实地土壤采样调查并查阅相关的文献资料（《溧阳年鉴》编撰委员会，2015），以及对比参考相邻流域中田河流域的土壤调查情况（席庆，2014）和本研究区域内开展的相关研究（杨超杰等，2017），生成平桥河流域土壤类型图[图3-2（b）]。流域主要有三种土壤类型：粗骨土、黄棕壤（黄沙土）和水稻土（淀沙土）。其中2/3以上的区域被黄棕壤（黄沙土）覆盖；粗骨土主要分布在东南角和正东区域的山坡地带，为发育较为初级的土壤；水稻土（淀沙土）主要分布在流域下游，为长期耕作的土壤地带，另有少部分水稻土（淀沙土）分布在东南角的山麓耕作地带。

4. 平桥河流域居民点、道路和河流分布

平桥河流域的主要水系是贯穿南北的平桥河，平桥河主要支流有四条，全部从干流的东部汇入，且走向多为南北向，分别在上游地区的雪飞岭附近、中游地区的平桥石坝水库附近、下游区域的平桥社区附近和下游流域出口附近的下周村附近注入干流[图3-2（c）]。平桥河流域整体位于江苏省溧阳市境内，属于天目湖镇管理，其中平桥社区为境内有较多人口聚集和工商业活动的城镇区域（《溧阳年鉴》编撰委员会，2015），另外在流域上游，山麓地带有较为聚集的乡村居民点。平桥河流域的交通通达性较好，北部有省道连通溧阳市城区，全流域被旅游公路和连接安徽省广德市的对外交通公路贯穿，道路分布依照地形也多呈现出南北走向。同时，由于居民点主要分布在流域中河流两侧，因此道路和河流分布呈现较好的相关性（杨超杰，2017）。根据平桥河流域的居民点、道路和河流分布情况，利用 ArcGIS 软件生成流域中空间各点到居民点、道路和河流距离的分布图（图3-3）。

因流域中南北两个地区都有较大的居民点分布，中游地区距离居民点最远，最大值为 4008 m[图3-3（a）]。平桥河流域内总体交通便利，各点到道路最远的距离也在 800 m 以内，其中最大值都分布在流域的边缘山地区域，以流域的东部为主[图3-3（b）]。平桥河流域水系丰富，流域内各点距离河流基本不超过 1550 m，最大值位于西南角的流域边缘区域，在流域东部也有较多的高值点出现[图3-3（c）]。平桥河流域空间各点到河流的距离是关系到水文汇流过程的重要数据，由于平桥河流域呈现出典型的丘陵山区源头小流域特征，其汇流时间很短，经实地测量和对比邻近的研究区域（李恒鹏等，2013b；王晶萍等，2016），流域降水产流过程在 24 h 内，大暴雨的产流过程一般不超过 6 h。

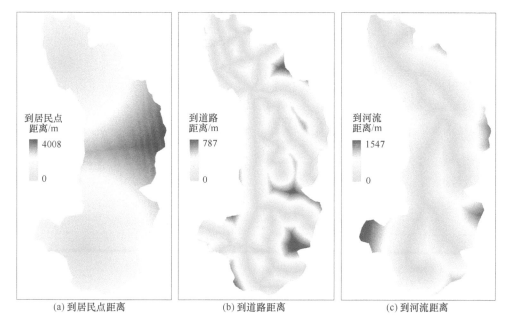

（a）到居民点距离　　　　　　　（b）到道路距离　　　　　　　（c）到河流距离

图 3-3　平桥河流域空间各点到居民点、道路和河流距离

3.2　流域斑块与景观特征分析

主要的景观分析指标的计算，具体指标包括斑块数量（NP）、斑块密度（PD）、景观切割指数（DIVISION）、分割指数（SPLIT）、有效网格尺寸（MESH）、邻接指数（CONTAG）、聚集度指数（AI）、景观形状指数（LSI）、斑块黏合指数（COHESION）、斑块丰富度指数（PR）、斑块丰富度密度（PRD）、香农多样性指数（SHDI）、辛普森多样性指数（SIDI）、调整后的辛普森多样性指数（MSIDI）、香农均一化指数（SHEI）、辛普森均一化指数（SIEI）和调整后的辛普森均一化指数（MSIEI）等。

平桥河流域（图 3-4）的各个子流域的景观指数在 2014～2017 年的变化呈现在图 3-5 和图 3-6 中。2014～2017 年，大部分景观指数都呈现出明显的下降趋势。景观指数在各子流域间的空间差异性小于时间差异性，即各子流域间的景观格局变化呈现出较大的相关性和较好的一致性。

分指标而言，多样性指数（图 3-5）包括 SHDI、SIDI 和 MSIDI 等在 2014～2017 年下降较为明显，尤其是 SHDI，而其他相关指标也呈现出同步变化的特征（图 3-5）。这反映出，2014～2017 年平桥河流域的土地利用多样性在大幅度减少，

(a) 草地　　　　　　　　(b) 城镇　　　　　　　　(c) 茶园

(d) 水库　　　　　　　　(e) 水田　　　　　　　　(f) 竹林

图 3-4　平桥河流域主要地理景观类型

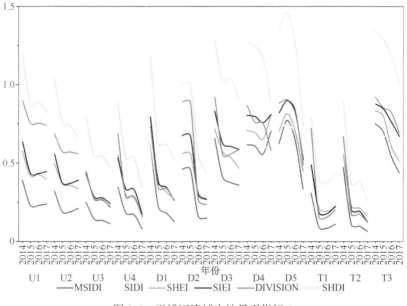

图 3-5　平桥河流域土地景观指标 1

尤其是 2014 年和 2017 年。在空间变化上，主要多样性指标均呈现出下列特征：从子流域 U1～U4 逐渐下降，D1～D5、T1～T3 逐渐上升（杨超杰，2017）。该现象的解释：U1～U4 为上游地区，其土地开发强度从源头往下不断增加；D2 和 D3 为较小的两个子流域，因此多样性较差；D4 和 D5 位于流域中林地、园地和建设用地的混杂地带，多样性较高；T1～T3 多样性的增加与土地开发有关，下游居民点和耕地的边界也较为不清晰。

在各个子流域间，PR 变化较小，而 SPLIT 在 2014 年有大量下降，而之后三年基本保持稳定（图 3-6），这与 2014 年规模较大的土地整理有关。

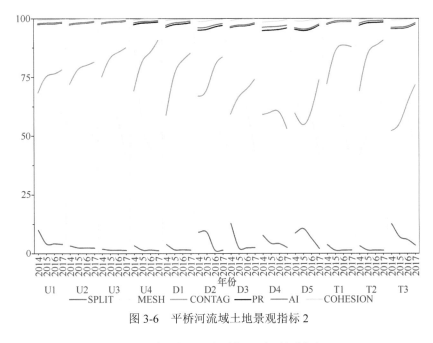

图 3-6　平桥河流域土地景观指标 2

3.3　流域土地利用变化模拟

本节包括平桥河流域各年度的土地利用形式呈现（分辨率为 2 m×2 m）；土地利用年际变化情况和各类型间流入流出情况；以及利用 UGB_FLUS 模型的土地利用变化模拟。

1. 分年度土地利用形式

平桥河流域整体以林地为主，占流域面积的 69.20%；上游和下游两大居民点附近分布有较完整的建设用地，其周围分布有水田；而旱地基本分布在流域的上中游；园地集中分布于流域下游出口附近，并在中上游有零星分布（图 3-7）。

各主要土地利用类型的年度变化特征：第一，2014~2017 年，土地利用类型从建设用地和园地向水田转变；第二，裸地逐渐被旱地和水田替代；第三，林地有少量增加，且边界趋于完整；第四，水体的面积变化较小（图 3-7）。在对平桥河流域整体土地利用变化分析的基础上，对其子流域土地利用年际变化单独分析，按从上游到下游的顺序显示在图 3-8~图 3-10 中。

平桥河流域上游子流域 U1~U4 的土地利用变化类型对比见图 3-8。子流域 U1 在 2014~2015 年和 2016~2017 年土地利用类型变化最为剧烈。2014~2015 年主要是裸地和水田向林地的转变，2016~2017 年是旱地和建设用地向水田的转

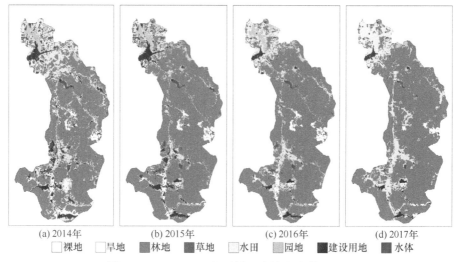

(a) 2014年　　　　(b) 2015年　　　　(c) 2016年　　　　(d) 2017年

☐裸地　☐旱地　■林地　■草地　☐水田　☐园地　■建设用地　■水体

图 3-7　2014～2017 年平桥河流域土地利用形式

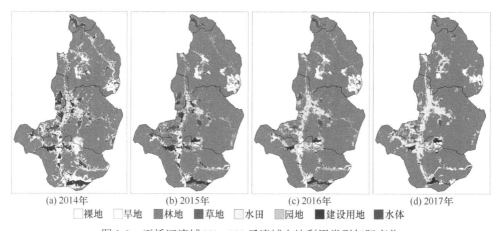

(a) 2014年　　　　(b) 2015年　　　　(c) 2016年　　　　(d) 2017年

☐裸地　☐旱地　■林地　■草地　☐水田　☐园地　■建设用地　■水体

图 3-8　平桥河流域 U1～U4 子流域土地利用类型年际变化

变（杨超杰，2017）。这与水源地涵养中的退耕还林以及耕地保护有关。子流域 U2 在 2014～2015 年和 2015～2016 年土地利用类型变化较大。其中 2014～2015 年主要是水田向林地的转变，2015～2016 年是建设用地向林地的转变。前者主要原因是退耕还林，与子流域 U1 相同，后者主要是 2016 年初该流域境内的一家较大的生态旅游园破产，导致建设用地废弃，并逐渐被林地替代。子流域 U3 在 2014～2015 年和 2016～2017 年的土地利用类型变化较大。其中 2014～2015 年主要是水田向林地的转变，2016～2017 年主要是旱地向水田和林地的转变，具体原因与子流域 U1 相同。子流域 U4 在 2014～2015 年和 2016～2017 年的土地利用类型变化较大。其中 2014～2015 年主要是水田和建设用地向林地的转变，2016～2017 年主要是旱地向园地和林地的转变。因同属流域上游的天目湖水源地保护核心区，这两次土地利用变化的原因与子流域 U1 和 U3 相同。值得注意的是，子流域 U4 中较大规模的水体是平桥石坝水库，在 2017 年，其面积减少明显，这与 2017 年降水相对偏少、水库水位偏低有关。

平桥河流域中下游子流域 D1～D5 的土地利用类型变化对比见图 3-9。子流域 D1 在 2014～2015 年的土地利用类型变化较大，主要是水田和建设用地向林地的转变；子流域 D2 在 2015～2016 年土地利用类型变化较大，主要是水田向林地的转变，这与水源地保护有关。值得注意的是，在 2017 年，子流域 D2 的西北角原有的较大面积的草地转变为林地，与 2017 年降水偏少有关。子流域 D3 在各年份间的土地利用类型变化幅度均较大，其中 2014～2015 年，主要是水田向林地和建设用地转变，2015～2016 年是建设用地向水田转变，2016～2017 年是园地向林地与水田转变。其中 2016 年建设用地的减少与土地复垦有关，而园地（茶园）的减少与坡地灌溉成本过高、有两个茶园破产有关。子流域 D4 在 2016～2017 年土地利用类型变化较大，主要是林地向水田的转变。由于子流域 D4 位于平桥社区，其中的林地主要是建筑物周围的四旁林，该转变是为得到较为完整的水田。子流域 D5 在 2015～2016 年和 2016～2017 年土地利用类型变化较大。前者主要是建设用地向水田的转变，后者是园地向水田的转变，与茶园废弃有关。

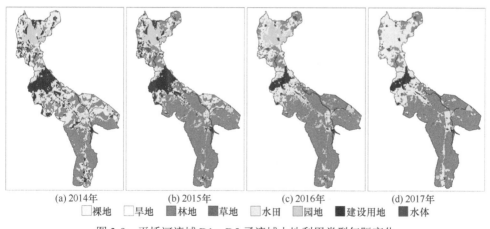

| (a) 2014年 | (b) 2015年 | (c) 2016年 | (d) 2017年 |

□裸地　□旱地　■林地　■草地　■水田　■园地　■建设用地　■水体

图 3-9　平桥河流域 D1～D5 子流域土地利用类型年际变化

平桥河流域支流子流域 T1～T3 土地利用类型变化对比见图 3-10。子流域 T1 在 2014～2015 年和 2015～2016 年土地利用类型变化较大。前者主要是水田向林地的转变，后者是建设用地向水田的转变。由于处于子流域的上游，这种转变与水源地保护有关（杨超杰，2017），而建设用地变成水田也与土地废弃和复垦过程有关。子流域 T2 在 2014～2015 年土地利用类型变化较大，主要是水田向林地的转变，即退耕还林，也与水源地保护有关。子流域 T3 在 2014～2015 年和 2016～2017 年土地利用类型变化较大。前者主要是水田向林地的转变，以及建设用地向水田的转变；后者是园地向水田的转变，由于子流域 T3 与 D5 相邻，其中园地的转变也与茶园废弃相关。

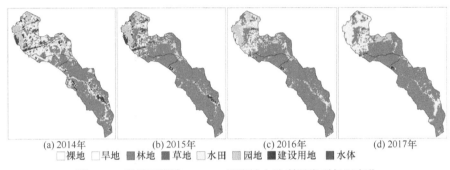

(a) 2014年　　(b) 2015年　　(c) 2016年　　(d) 2017年

☐裸地 ☐旱地 ▨林地 ☐草地 ☐水田 ☐园地 ■建设用地 ■水体

图 3-10　平桥河流域 T1～T3 子流域土地利用类型年际变化

2. 土地利用变化数值

本研究主要从数值上讨论平桥河流域的土地利用类型变化和流入流出情况。其中其变化面积呈现出较为明显的先下降再上升的趋势，这与 3.2 节指标分析得出的 2014 年和 2017 年的景观指数变化较大的现象相吻合，且根据各个子流域的变化特征也可以得出该结论。

在各种土地利用类型的流入流出情况中，2014～2015 年、2015～2016 年都有很明显的占绝对优势的流入流出类型（图 3-11）。2014～2015 年主要的转变是水田和建设用地向林地的转变，2015～2016 年为建设用地向水田的转变。而 2016～2017 年的变化较为复杂，有两类或者三类主要的流入流出类型，具体包括流出的园地、林地和旱地，以及流入的水田和林地，其中林地既是主要的流出类型，又是主要的流入类型。由各子流域的分析可知，2016～2017 年的主要土地利用类型流转是林地和旱地向水田转变，园地向林地和水田转变。

图 3-11 中揭示的变化规律也能在图 3-12 的转换矩阵中得到验证。其主要特征有以下三点：第一，2014～2015 年和 2016～2017 年的变化量较大，而 2015～2016 年的变化量较小；第二，2014～2015 年和 2015～2016 年变化的方向性较为明确，而 2016～2017 年变化的方向性较为复杂；第三，在 2016～2017 年的土地利用类型流转中，林地是最为活跃的种类，转换的多样性也最高。

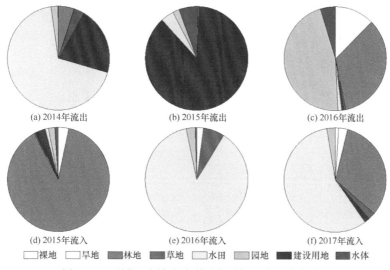

<table>
<tr><td>(a) 2014年流出</td><td>(b) 2015年流出</td><td>(c) 2016年流出</td></tr>
<tr><td>(d) 2015年流入</td><td>(e) 2016年流入</td><td>(f) 2017年流入</td></tr>
</table>

☐ 裸地　☐ 旱地　■ 林地　■ 草地　☐ 水田　☐ 园地　■ 建设用地　■ 水体

图 3-11　平桥河流域土地利用类型年际流入流出占比

3. 土地利用变化模拟

为更好地揭示土地利用过程并进行模拟预测,本研究运用 UGB_FLUS 模型模拟平桥河流域土地利用变化（张韶月等，2019）。基于 UGB_FLUS 模型的平桥河流域土地利用变化模拟所设置的迭代次数为 300 次,一般在 250 次左右达到稳定。

2017 年平桥河流域土地利用格局模拟结果,分别是基于 2014～2015 年、2014～2017 年、2015～2016 年、2015～2017 年和 2016～2017 年转换概率得到的（图 3-13）。可以看出基于 2014～2015 年和基于 2014～2017 年的模拟结果较好,基于 2016～2017 年的结果存在过模拟,而基于 2015～2017 年的结果较差,基于 2015～2016 年的结果差异最大,对流域下游的建设用地和园地、中游的林地、上游的水田的模拟结果都存在很大的不准确性。因此,可以认为涵盖 2015 年转换概率的数据是造成模拟结果较差的重要原因,而 2014 年的转换概率比较符合 2017 年的实际情况,也可以说明 2014 年和 2017 年是土地利用变化较为剧烈的年份,并且变化的方向较为相近,而 2015 年和 2016 年呈现出弱变化或反方向变化的情况。这也从另一个角度说明,在平桥河流域中,土地利用变化的方向性和速率很不稳定,其土地利用变化引起的其他效应,如对水质的影响存在突变,这也对水质模型的设计提出更高的要求。

2018 年平桥河流域土地利用格局模拟结果,分别是基于 2014～2015 年、2014～2016 年、2015～2016 年和 2016～2017 年转换概率得到的（图 3-14）。由于没有 2018 年及之后的实际土地利用数据作为参照,无法准确衡量模拟的精度,但根据图 3-13

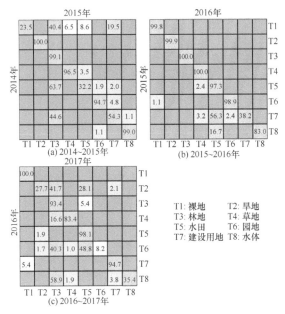

图 3-12　平桥河流域土地利用类型转换矩阵

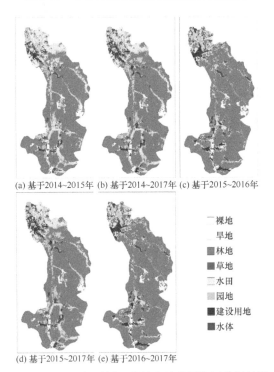

图 3-13　2017 年平桥河流域土地利用格局模拟结果

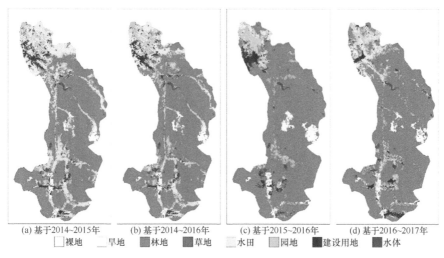

(a) 基于2014~2015年 (b) 基于2014~2016年 (c) 基于2015~2016年 (d) 基于2016~2017年

☐裸地 ☐旱地 ■林地 ■草地 ☐水田 ☐园地 ■建设用地 ■水体

图 3-14 2018 年平桥河流域土地利用格局模拟结果

和图 3-14 的模拟情况，基于 2015～2016 年的模拟结果很可能是偏向错误的方向，基于 2014～2015 年和 2014～2016 年的模拟结果可能呈现出过模拟，原因是随着 2017 年较大规模的土地利用变化的结束，2018 年之后较大规模的土地利用变化发生的可能性较小，因此在对未来的预测中采用基于 2016～2017 年的模拟结果。

2019 年平桥河流域土地利用格局模拟结果，分别是基于 2014～2015 年、2015～2016 年、2015～2017 年和 2016～2017 年转换概率得到的（图 3-15）。与图 3-14 分析的原因类似，这里采用基于 2016～2017 年的模拟结果。

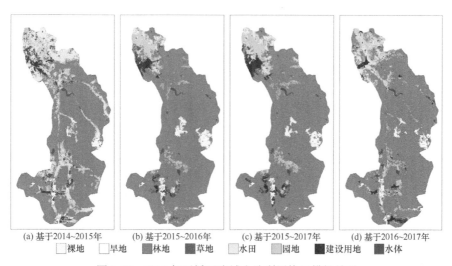

(a) 基于2014~2015年 (b) 基于2015~2016年 (c) 基于2015~2017年 (d) 基于2016~2017年

☐裸地 ☐旱地 ■林地 ■草地 ☐水田 ☐园地 ■建设用地 ■水体

图 3-15 2019 年平桥河流域土地利用格局模拟结果

2020 年平桥河流域土地利用格局模拟结果，分别是基于 2014～2015 年、2014～2016 年、2014～2017 年、2015～2016 年和 2016～2017 年转换概率得到的（图 3-16）。与图 3-14 和图 3-15 分析的原因类似，这里采用基于 2016～2017 年的模拟结果。

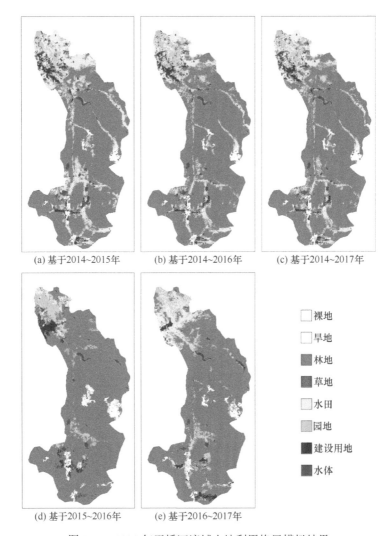

(a) 基于2014~2015年   (b) 基于2014~2016年   (c) 基于2014~2017年

(d) 基于2015~2016年   (e) 基于2016~2017年

□ 裸地
□ 旱地
■ 林地
■ 草地
□ 水田
□ 园地
■ 建设用地
■ 水体

图 3-16 2020 年平桥河流域土地利用格局模拟结果

第 4 章

流域水文水质监测与分析

4.1 样品采样与处理

根据支流汇集、污染源汇集、不同土地利用类型及便于采样等原则，在平桥河流域设置了 12 个采样点。在上游江苏省和安徽省交界处设置采样点 S1，在平桥河流域上游居民集中处设置采样点 S2，在即将流入平桥石坝水库处设置采样点 S3，在平桥石坝水库库尾设置采样点 S4，在平桥石坝水库中游设置采样点 S5 和 S6，其岸边主要是农田和居民区。在平桥河流域下游设置 6 个采样点，包括主干 3 个采样点 S7、S8、S9 和一条暗沟上 3 个采样点 S10、S11、S12，其中 S7、S10 流经平桥社区，有大量的生活污水、工业污水排入水中，而 S8、S9、S11、S12 主要流经下游农田，随着径流有大量污染物流入水中。

采样时间为 2014 年 12 月至 2016 年 2 月（每周 1 次、每月四五次采样），并根据平桥河流域的实际情况，共选取了 TN、TP、NH_4^+-N、NO_3^--N、NO_2^--N、PO_4^{3-}-P 和 COD_{Mn} 7 个水质指标进行测定，具体参照《水和废水监测分析方法》（国家环境保护局，1997）。在中国科学院南京地理与湖泊研究所湖泊与环境国家重点实验室对采回的样品进行分析，其中 TN 采用过硫酸钾氧化，使有机氮和无机氮转变为硝酸盐后，再以紫外–可见分光光度法测定；TP、PO_4^{3-}-P 采用钼锑抗分光光度法；NH_4^+-N 采用纳氏试剂分光光度法；NO_3^--N 采用酚二磺酸光度法；NO_2^--N 采用 N-(1-萘基)-乙二胺光度法；COD_{Mn} 采用酸性法。平桥河流域水体水质统计描述见表 4-1，根据《地表水环境质量标准》（GB 3838—2002）可知，TN 浓度超过 V 类水质，NH_4^+-N 超过 II 类水质，TP 超过 IV 类水质，COD_{Mn} 浓度属于 I ～ II 类水质。

表 4-1 平桥河流域各监测点水质指标平均值和标准差　　（单位：mg/L）

监测点	TN	TP	NH_4^+-N	NO_3^--N	NO_2^--N	PO_4^{3-}-P	COD_{Mn}
S1	2.629±0.927	0.199±0.461	0.325±0.338	1.460±0.811	0.227±0.560	0.026±0.043	1.416±1.132
S2	2.758±0.807	0.245±0.754	0.298±0.322	1.840±0.902	0.204±0.567	0.026±0.043	1.745±1.526
S3	3.099±1.769	0.109±0.328	0.277±0.316	1.811±0.870	0.188±0.540	0.035±0.113	1.932±1.475
S4	2.850±0.842	0.079±0.256	0.192±0.205	1.863±0.883	0.188±0.522	0.022±0.053	2.146±1.219
S5	3.090±0.748	0.093±0.311	0.270±0.282	2.076±0.956	0.198±0.569	0.024±0.045	2.115±1.218
S6	3.171±0.798	0.096±0.320	0.222±0.238	2.127±0.986	0.210±0.605	0.028±0.075	2.186±1.279
S7	3.557±0.838	0.180±0.468	0.521±0.517	2.125±0.946	0.219±0.576	0.080±0.155	2.417±1.215
S8	3.728±1.246	0.162±0.464	0.553±0.689	2.162±1.053	0.282±0.721	0.045±0.074	2.614±1.324
S9	3.871±2.124	0.197±0.551	0.458±0.461	2.158±0.966	0.271±0.669	0.053±0.124	2.714±1.600
S10	3.355±0.999	0.122±0.377	0.335±0.614	2.170±0.940	0.225±0.620	0.045±0.142	2.456±1.841
S11	3.790±1.963	0.208±0.747	0.515±0.420	2.109±0.959	0.248±0.639	0.067±0.162	2.936±1.250
S12	5.232±1.872	0.325±0.749	0.901±0.900	2.895±1.400	0.344±0.638	0.211±0.582	3.629±1.828

所有数据处理采用 Excel 2010、ArcGIS10.2 和 IBM SPSS Statistics 19.0 处理。为消除各类水质指标量纲或数量级的影响，首先通过 SPSS 对原始数据进行标准化处理，然后对平桥河流域 12 个监测点和 12 个检测时段的水质指标分别进行聚类分析和主成分分析，以便对平桥河流域水质时空变化特征进行多元统计分析。本书采用广泛应用的层次聚类分析，通过 Ward 法和平方欧氏距离法生成树状图，对聚类后产生的各组数据分别进行主成分分析，提取每组数据中引起水质变化的主成分（特征值大于 1）。Liu 等（2003）在主成分分析中将因子载荷分为强（大于 0.75）、中（0.5～0.75）、弱（0.3～0.5）3 种。本书选取因子载荷大于 0.75 的水质变量进行解释和讨论（个别选择大于 0.5）；同时，为检验主成分分析的适用性，在进行主成分分析前，对各组数据均进行 KMO 检验与 Bartlett 检验。结果显示，中上游丘陵河谷区、下游紧邻平桥社区的平原区、下游暗沟出口区 KMO 值分别为 0.539、0.555、0.521，Bartlett 检验结果分别为 469.309、436.553、118.417（$P<0.01$）；枯水期、平水期和丰水期 KMO 值分别为 0.647、0.481、0.747，Bartlett 检验结果分别为 93.741、272.334、307.756（$P<0.01$）。说明可以应用主成分分析法选择少量的因子对所有参数进行解释，并且分析结果较好。

4.2　气象水文特征

本节包含平桥河流域的气象和水文变化情况，具体包括气压、平均气温、降水量、蒸发量和河道径流量等物理量。

1. 气象特征

平桥河流域的气象观测主要基于平桥石坝水库自动观测降水、蒸发和水位的水文自动观测设施及位于邻近流域中田河流域的自动气象站。具体的气象数据汇总于图 4-1 和图 4-2。

在研究时段内（2014～2017 年），平桥河流域平均气温为 15.7℃，平均降水量为 1370 mm。由于地处亚热带季风气候区，平桥河流域的气温和降水季节性变化特征明显（图 4-1 和图 4-2）。气温的年际变化量较小，但夏季最热日的最高温和平均温在逐年增加，2016 年 1 月，由于受暴雪影响，出现了−10℃的罕见低温。降水的年际变化量相对较大，丰水年 2016 年的降水量达到 1558 mm，而枯水年 2017 年的降水量只有 1185 mm，相差超过 24%。同时 2016 年也是暴雨最为集中、强度最大的一年，全年超过 100 mm 的暴雨就有 6 场，分布于 4～10 月，

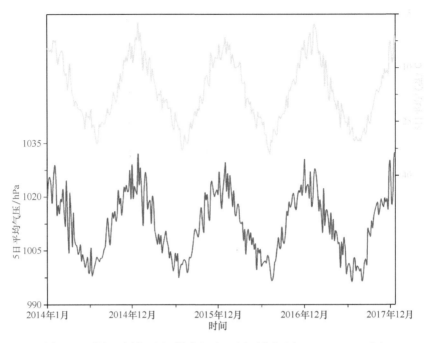

图 4-1　平桥河流域 5 日平均气温和 5 日平均气压（2014～2017 年）

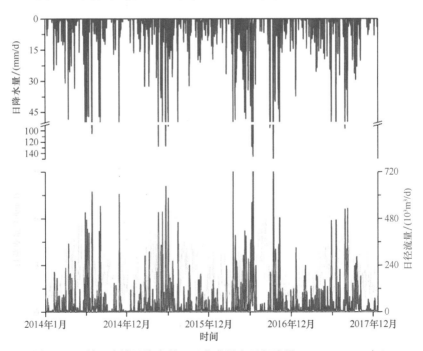

图 4-2　平桥河流域日降水量、日蒸发量和日径流量（2014～2017 年）

尤其以 7 月为最（杨超杰，2017）。2016 年 6 月 28 日~7 月 2 日，累计降水量达到 344 mm，接着在 7 月 5~9 日又一场连续降水，累计达 285 mm。这两场降水叠加造成山洪暴发以及历史罕见的大流量。在此期间，作者在当地完整地经历并记录了这两次暴雨事件，进行了流量测量和水样采集，为研究流域的水文和水质变化提供了很有价值的资料支持。

2. 水文特征

水文观测主要基于平桥石坝水库的水文自动观测设施，并参考结合邻近流域中田河流域的自动水文流量站。其中平桥石坝水库的水文自动观测设施可以连续获取流域中上游的水文信息，流域下游的流量并没有直接观测数据，使用中田河流域出口处的流量站获取的数据推导而得。

为较好地对比流域日降水量、日蒸发量和日径流量的相关关系，本书将这三项数据对比呈现在图 4-2。其中日蒸发量随着温度变化呈现规律波动的特征，一般夏季在 5 mm/d 左右，冬季在 2 mm/d 左右。日降水量除图 4-2 反映的特征外，还值得注意的是，2016 年 7 月的连续大暴雨后，8 月至 10 月上旬有长达 80 天的夏秋季少雨事件（杨超杰，2017）。这种罕见的气象事件也对水质变化造成极大的影响，在 10 月大暴雨来临后，几乎所有水质指标呈现出激增的态势。因此，在 SFWQM 的水质模拟过程中考虑了久旱初雨的情况，并把无雨的时间长度作为主要的参数进行模拟。图 4-2 还显示出径流和降水有很好的响应，在大暴雨的当日或次日即形成径流峰值。

4.3　水质时空变化特征

4.3.1　时间聚类分析

基于平桥河流域时间（月份）聚类分析的结果（图 4-3），将水质在时间上划分为 3 组。第一组包括 12 月至次年 2 月，正值冬季，其温度最低，降水量最少，代表枯水期水质状况。第二组包括 3 月和 8~11 月，在平桥河流域，3 月降水量相比冬季明显增多，但比梅雨季节少，8~10 月虽然降雨强度较大，但整体降水量不多，同时温度相对较高，11 月虽然降雨次数较多，但每次降水量很小，代表平水期水质状况。第三组包括 4~7 月，在平桥河流域，其梅雨季节集中在 5 月中旬到 7 月中旬，且降水量较大，代表丰水期水质状况。

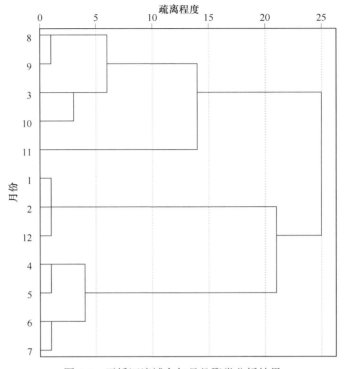

图 4-3　平桥河流域全年月份聚类分析结果

4.3.2　时间主成分分析

对平桥河流域枯水期、平水期和丰水期分别进行主成分分析，结果见表 4-2。

表 4-2　平桥河流域全年月份水质各组的主成分分析

监测指标	枯水期			平水期		丰水期	
	PC1	PC2	PC3	PC1	PC2	PC1	PC2
TN	0.878	−0.114	0.159	0.649	0.564	0.825	0.512
TP	0.429	−0.743	0.189	0.701	0.416	0.936	−0.163
NH_4^+-N	0.857	0.160	−0.345	0.783	0.052	0.700	−0.468
NO_3^--N	0.651	0.163	0.569	0.831	−0.435	0.589	0.770
NO_2^--N	0.354	0.631	0.481	−0.512	0.804	0.923	0.051
PO_4^{3-}-P	0.608	−0.451	−0.119	−0.058	0.883	0.920	−0.115
COD_{Mn}	0.615	0.368	−0.640	0.626	0.200	0.606	−0.557
特征根	2.986	1.354	1.16	2.873	2.149	4.459	1.426
贡献率/%	42.663	19.343	16.568	41.041	30.707	63.699	20.374
累计贡献率/%	42.663	62.006	78.574	41.041	71.748	63.699	84.073

枯水期共提取 3 个主成分，平水期与丰水期均提取两个主成分。在枯水期，第一主成分方差贡献率为 42.663%，远大于第二、第三主成分的方差贡献率（19.343% 和 16.568%），其中 TN 和 NH_4^+-N 所占因子载荷较大，与第一主成分的相关系数均超过 0.75。高营养盐负荷主要是由人为活动引起的，如生活污水的排放和有机污染物释放（Solanki et al., 2010）。在冬季，平桥河流量少，流速缓慢，伴随着大量生活污水的排放，污染物在流动过程中具有一定的富集作用，反映水体氮的污染程度。与第二主成分密切相关的因子载荷为 NO_2^--N 和 TP，主要由生活污水导致的营养盐污染（Duan et al., 2016），反映水体氮和磷的污染水平。与第三主成分密切相关的因子载荷为 NO_3^--N 和 COD_{Mn}，反映水体氮和有机污染的水平。

在平水期，第一主成分方差贡献率为 41.041%，大于第二主成分的方差贡献率（30.707%），其中 NH_4^+-N 和 NO_3^--N 所占因子载荷较大，与第一主成分的相关系数均超过 0.75。区域的地表水质很大程度受到自然过程和人为输入的影响（Kazi et al., 2009），降雨径流挟带农业面源污染和生活污水进入水体，导致营养盐污染，反映水体氮的污染程度。与第二主成分密切相关的因子载荷为 NO_2^--N 和 PO_4^{3-}-P，与第二主成分呈正相关关系。根据实地调查，平桥河流域种植的茶园每年在 10～11 月施肥（有机肥和复合肥），茶园为坡地种植且施肥强度极高（韩莹等，2012；王艾荣等，2008），降雨径流冲刷直接导致河流营养盐污染；同时，施用的有机肥（畜禽粪便等）挟带大量寄生虫卵和大肠杆菌等病原微生物，随着降雨排入河中，导致水质受到非夏季低温季节下水体中细菌等微生物的反硝化作用（施练东等，2013），反映水体氮和磷的污染水平。

在丰水期，第一主成分方差贡献率为 63.699%，远大于第二主成分的方差贡献率（20.374%），其中 TN、TP、NO_2^--N 和 PO_4^{3-}-P 所占因子载荷较大。在春季和夏季，居民进行大量的农业活动，如种植水稻和茄子等作物，茶叶再度施肥，畜禽养殖等产生大量的农业面源污染，随着丰水期大量雨水冲刷地表，河流水位不断抬升，农业面源污染和生活污水进入河体，导致营养盐污染和有机污染明显加剧，反映水体氮和磷的污染水平。与第二主成分密切相关的因子载荷为 NO_3^--N，大量营养盐随着降雨径流冲刷流入河中，并且随着夏季的到来，水温不断升高，细菌等微生物的硝化作用增强（王艾荣等，2008），反映水体氮的污染水平。

总体来说，枯水期氮污染为主导因素，磷和有机污染次之；平水期氮污染为主导因素，磷污染次之；丰水期平桥河流域氮和磷污染为主导因素。同时对比平桥河流域在枯水期、平水期和丰水期的水质监测指标浓度（图 4-4），可发现枯水期 TN 和 TP 浓度较高。在冬季，虽然农业活动（作物种植和畜禽养殖等）减少，

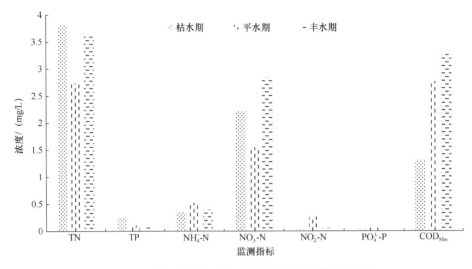

图 4-4   平桥河流域水质在时间分异上各监测指标浓度

但降雨少，河道流量少、流速小，大量生活污水的排放及之前滞留在河中的污染负荷导致枯水期氮和磷污染物浓度较高。平水期 NH_4^+-N、NO_2^--N 和 $PO_4^{3-}-P$ 浓度较高，主要是由于茶园等大量施肥导致的氮和磷污染。丰水期 NO_3^--N 和 COD_{Mn} 浓度较高，主要是由于大量的农业活动及生活污水排放导致的氮和有机污染。平桥河流域在平水期和丰水期氮含量较高的结果与太湖流域典型水库水源地天目湖的结果类似，在施肥期，天目湖水质氮浓度增加显著，一场春雨能将水库 TN 浓度增加 1 倍（朱广伟等，2013）。在丰水期和平水期，天目湖上游入湖河流平桥河的尿素氮含量显著高于天目湖库区，由此可见天目湖水质在时间变化上与农业活动密切相关，平桥河流域农业活动的增加将进一步加剧天目湖水质氮污染程度（韩晓霞等，2015）。

4.3.3　空间聚类分析

基于平桥河流域采样点空间聚类分析的结果（图 4-5），将水质在空间区域上划分为 3 组。第 1 组包括 6 个采样点，分别为 S1、S2、S3、S4、S5 和 S6，表示中上游丘陵河谷区水质状况，涉及杂树林、毛竹林、茶园、耕地和零散分布的居民区，农业面源污染对该区域水质影响较大。第 2 组包括 5 个采样点，分别为 S7、S8、S9、S10 和 S11，表示下游紧邻平桥社区的平原区水质状况，此组采样点涉及平桥社区、耕地、少量工厂和大量居民区。第 3 组只有 S12 一个采样点，代表下游暗沟出口区水质状况,涉及耕地、居民区及养殖区,不仅受到中上游污染负荷富集效应的影响,还受到畜禽养殖和农业面源污染的影响。第 2 组所在区域是平桥河流域居民最集中的地区,生活污水和农业面源污染对水质影响较大,水质较第 3 组好,较第 1 组差。

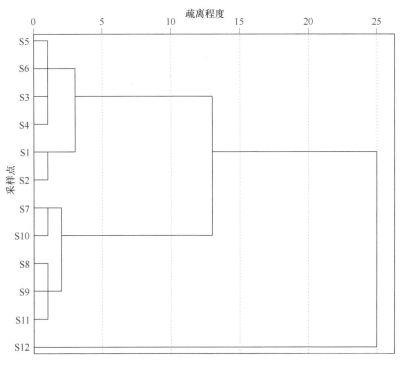

图 4-5　采样点空间聚类分析结果

4.3.4　空间主成分分析

平桥河流域采样点各组的主成分分析见表 4-3,每组分别提取 3 个主成分。在中上游丘陵河谷区,第一主成分的方差贡献率为 32.663%,大于第二、第三主成分的方差贡献率(19.242%、15.124%),其中 NO_3^--N、NO_2^--N 和 $PO_4^{3-}-P$ 所占因子载荷较大,与第一主成分的相关系数绝对值均超过 0.75。中上游居民分布不均,排放的生活污水不容易管理,伴随茶园、小麦、水稻和油菜等种植,该区域水质主要受到居民生活污水和农业面源污染的影响,反映水体氮和磷的污染水平。与第二主成分密切相关因子载荷是 NH_4^+-N 和 COD_{Mn},COD_{Mn} 是有机污染的标志,可能来源工业废水和生活污水(Singh et al.,2005),第二主成分反映水体氮和有机污染的水平。在第三主成分中，TN 所占因子载荷较大，与第三主成分呈正相关关系，高浓度的 TN 主要反映农业径流和城镇污水（Alexander et al.，2000；Yang et al.，2010），反映水体氮的污染水平。

表 4-3　平桥河流域采样点水质主成分分析

监测指标	中上游丘陵河谷区			下游紧邻平桥社区的平原区			下游暗沟出口区		
	PC1	PC2	PC3	PC1	PC2	PC3	PC1	PC2	PC3
TN	−0.378	−0.485	0.727	−0.231	0.700	−0.198	0.500	0.570	0.326
TP	−0.096	−0.322	−0.375	0.001	0.658	−0.092	0.146	0.316	0.669
NH_4^+-N	−0.178	0.644	0.278	−0.146	0.561	0.609	0.425	0.569	−0.362
NO_3^--N	−0.856	−0.120	0.257	−0.830	0.073	0.039	0.811	0.136	0.122
NO_2^--N	0.873	−0.076	0.266	0.902	0.100	−0.010	−0.849	0.332	0.099
PO_4^{3-}-P	0.778	−0.131	0.366	0.762	0.307	−0.048	−0.745	0.478	0.220
COD_{Mn}	−0.046	0.746	0.203	0.140	−0.149	0.866	−0.074	0.606	−0.569
特征值	2.286	1.347	1.059	2.179	1.369	1.171	2.393	1.473	1.081
贡献率/%	32.663	19.242	15.124	31.130	19.560	16.730	34.184	21.038	15.449
累计贡献率/%	32.663	51.905	67.028	31.13	50.691	67.421	34.184	55.222	70.670

在下游紧邻平桥社区的平原区，第一主成分的方差贡献率为 31.130%，大于第二、第三主成分的方差贡献率（19.560%、16.730%），其中 NO_3^--N、NO_2^--N 和 PO_4^{3-}-P 所占因子载荷较大，与第一主成分的相关系数绝对值均超过 0.75。由于该区域种植了一系列的农作物，受到农业面源污染，反映水体氮和磷的污染水平。与第二主成分密切相关的因子载荷是 TN、TP 和 NH_4^+-N，说明在这个区域有较强的农业活动，大量施肥导致农业面源污染，从而也会导致水体的富营养化（Iscen et al.，2008），反映水体氮和磷的污染水平。在第三主成分中，COD_{Mn} 和 NH_4^+-N 所占因子载荷较大，与第三主成分均呈正相关关系，反映该区域受到生活污水的影响；同时由于居民农业活动施用大量的肥料，随着降雨对耕地的不断侵蚀，大量 NH_4^+-N 伴随着农业径流不断产生，从而导致农业面源污染（Absalon and Matysik，2007），说明该主成分是在第一、第二主成分的基础上反映水体不仅受到氮污染，还受到有机污染。

在下游暗沟出口区，第一主成分方差贡献率为 34.184%，其中 NO_3^--N 和 NO_2^--N 所占因子载荷较大，与第一主成分的相关系数绝对值超过 0.75。由于采样点 S12 是暗沟流出的地方，涉及大片耕地和居民区，周边居民的生活污水大量排放进入暗沟，同时居民在暗沟处养殖了大量鸭子，导致该区域水体受到生活污水和家禽养殖的影响，反映水体氮的污染水平。与第二主成分密切相关的因子载荷是 TN、

NH₄⁺-N 和 COD_Mn，表明该区域水质主要受到人为原因导致的营养盐污染（生活垃圾）和有机污染（生活污水和农业活动）的影响（Zhou et al.，2007a，2007b），反映水体氮和有机污染的水平。与第三主成分密切相关的因子载荷是 TP，表明该区域水质主要受到农业面源污染和生活污水的影响，反映水体磷的污染水平。

总体来说，中上游丘陵河谷区以氮和磷污染为主，有机污染次之；下游紧邻平桥社区的平原区以氮和磷污染为主，有机污染次之；下游暗沟出口区以氮污染为主，有机污染和磷污染次之。平桥河流域水质污染以氮污染为主、磷污染次之的发现与太湖流域典型水库水源地天目湖的研究结果相同（张清等，2014）。同时对比平桥河流域在空间 3 组区域上的水质监测指标浓度（图 4-6），可发现平桥河流域各水质监测指标浓度整体表现为下游高于上游，其中氮污染和有机污染变化较大。一方面是由于污染物从上游到下游具有一定的富集效应。另一方面受人为活动的影响，中上游地区人烟稀少，产生的生活污水较少，主要为农业面源污染；下游紧邻平桥社区的平原区人口密度大，产生大量的生活污水，同时伴随农业面源污染；下游暗沟出口区，主要为农业面源污染和家禽养殖污染，同时暗沟水量少，流速较慢，流入的污染负荷更容易富集。这与太湖流域典型水库水源地天目湖水质指标浓度（TN、TP、NO₃⁻-N、NO₂⁻-N、PO₄³⁻-P 和 COD_Mn）整体表现为下游（湖南部）低于上游（湖北部）的结果相反，入湖口（湖南部）的 TN、TP 和 COD_Mn 明显高于其他湖区，尤其是平桥河入湖口处，其对天目湖入湖 TN 贡献率高达

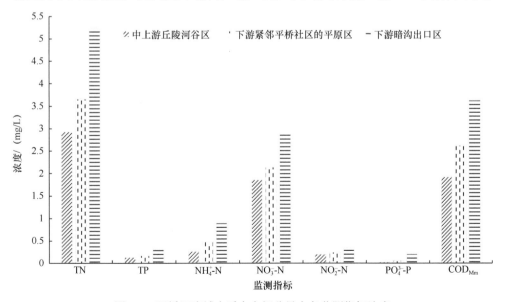

图 4-6　平桥河流域水质在空间分异上各监测指标浓度

32.56%。一方面说明天目湖水质受入湖口（湖南部）大量岗丘开垦的影响；另一方面说明天目湖水质的污染主要受到流域营养盐输入的控制（崔扬等，2014；李恒鹏等，2013a；张运林等，2005）。平桥河流域水体挟带的大量污染物和营养物质进入天目湖，加剧天目湖南部的污染，导致氮、磷和有机污染的程度显著高于天目湖北部（黄群芳等，2007）。

4.4 营养盐流失过程与特征

水质指标时空分布主要涉及 TN、NO_3^--N、NO_2^--N、NH_4^+-N、TP 和 PO_4^{3-}-P 六项指标，特征分析主要包括时间聚类分析和空间聚类分析。

1. 营养盐指标空间分布

2014～2017 年平桥河流域的水体营养盐浓度数据是基于四年间周尺度的水质采集和实验得到的，包括 U1～T3 12 个点位，顺序为从上游到下游，具体数据展示见图 4-7～图 4-12。

平桥河流域四年平均 TN 浓度为 3.21 mg/L，在各子流域之间存在着明显的差异，U1～U4 为较低的值，D1～T3 为较高的值，其中 D3～D5 的数值相对较低（图 4-7）。这是因为 U1～U4 位于流域上游，地处天目湖水源地保护的核心区，人类活动较少，而其他点位处于流域的中下游，由人类活动造成的 TN 排放较多。从 TN 浓度的年际变化可以发现，在 2015 年和 2017 年有较多的高值出现，而在 2016 年，TN 浓度较低，主要原因是 2016 年是显著的丰水年，水量的增大导致水体 TN 浓度的降低。这种现象还体现在各个季节的差异上，在 11 月至次年 2 月的枯水季节，TN 的浓度较高，而在 6～8 月三个降水最多的月份，TN 浓度相对较低。

平桥河流域的 NO_3^--N 浓度多年平均值为 1.84 mg/L，各流域间的空间差异也与 TN 浓度的分布特征接近，即 U1～U4 为低值点，其余为高值点（图 4-7）。NO_3^--N 浓度在季节分布上，除在冬季枯水期较高外，在春季还存在一些高值，这与春季的施肥有一定关系。

NO_2^--N 作为浓度较小的营养盐指标，其平桥河流域出口多年平均值为 0.40 mg/L。空间分布上仍然呈现出 U1～U4 较低的特征（图 4-8）。在季节分布上，除冬季枯水期的普遍高值外，还在夏季有较多高值，主要与夏季丰水造成的厌氧环境有关（有利于 NO_2^--N 的稳定存在）。

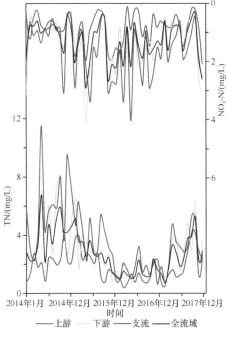

图 4-7 平桥河流域 TN、NO_3^--N 空间分布

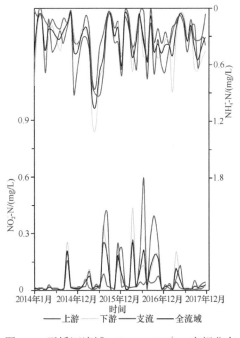

图 4-8 平桥河流域 NO_2^--N、NH_4^+-N 空间分布

平桥河流域出口 NH_4^+-N 多年浓度为 0.96 mg/L，其时空分布特征都与 NO_2^--N 类似（图 4-8）。其中夏季的高值也与厌氧环境有关，而部分春季的高值与施肥有关，相较于冬、夏、春三季，秋季通常由于水量适中、厌氧环境较少、污染来源较少等成为低值集中的季节。

平桥河流域出口 TP 多年浓度为 0.69 mg/L，其分布规律更加接近 NO_2^--N（图 4-9），较为不同的是在 D3 点位，四年的 TP 浓度都较低，与源头的 U1～U4 类似，有可能是附近的河道治理和草地缓冲带截留较多的磷。

平桥河流域 PO_4^{3-}-P 浓度是 0.17 mg/L。其时空分布与其余五项指标都有很大差异（图 4-9）。源头流域的 PO_4^{3-}-P 浓度并没有低于中下游的点位，甚至更高。这很可能与源头较高的 DO 浓度有关，该环境有利于磷元素氧化。在中下游地区 TP 浓度较高，但 PO_4^{3-}-P 浓度较低，说明中下游磷元素的形态并非以 PO_4^{3-}-P 为主。

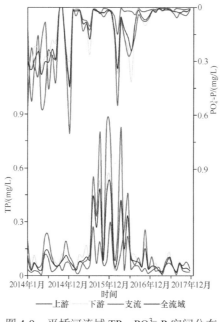

图4-9 平桥河流域 TP、PO_4^{3-}-P 空间分布

2. 营养盐指标季节性分布

为了更清晰地显示营养盐指标的季节性变化特征，在图 4-10 和图 4-11 中按春季、夏季、秋季、冬季的顺序分析营养盐指标的变化规律。其中 NO_3^--N 呈现出很明显的冬、春季高而夏季低的特征，TP 呈现出夏季突高的特征，TN 在秋季有较大幅度的下降。

营养盐指标时空聚类分析（图 4-12）得到的特征与图 4-10 和图 4-11 一致。

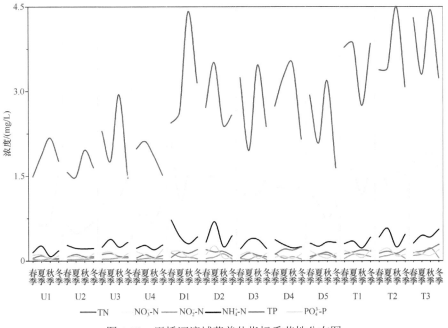

图 4-10　平桥河流域营养盐指标季节性分布图

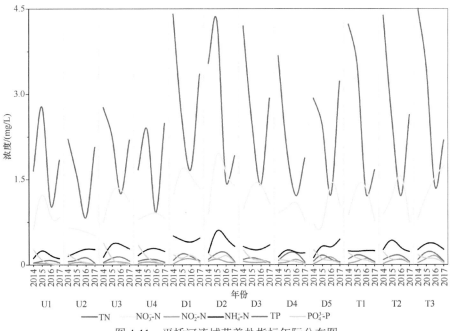

图 4-11　平桥河流域营养盐指标年际分布图

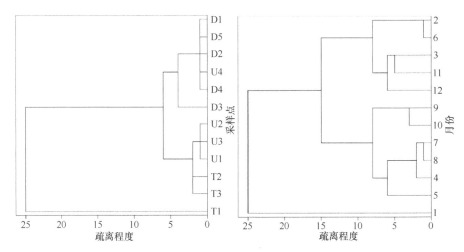

图 4-12　平桥河流域营养盐指标时空尺度系统聚类结果

第 5 章

基于 SWAT 系列模型的流域水文水质模拟

5.1 流 量 模 拟

水文水质模拟和检验是本研究的中心环节。其中模拟和验证的主要步骤在图 2-7 和图 2-9 中展示，具体运用的模型是较为成熟的 SWAT 模型和专为本研究区域开发的 SFHM 和 SFWQM。其中 SWAT 模型水文和水质模块集成为一体，可以一次性地进行模拟，而 SFHM 为单独的水文模型，SFWQM 为单独的水质模型，其输入数据之一就是 SFHM 中生成的流量数据，所以其对水质的模拟分两个步骤进行。在 SFHM 和 SFWQM 调试成熟并得到较可靠的模拟结果之后，针对模型进行参数敏感性分析，并基于输入数据波动的模型进行不确定性分析，最终形成对模型较为全面的检验和评价。

5.1.1 SWAT 模型和 SFHM 水文模拟和结果评价

针对平桥河流域的水文过程，利用 SWAT 模型和 SFHM 进行模拟，其中将各流域的研究时段中前两年作为率定期，后两年作为验证期。模拟输出结果与日均实测流量值进行线性拟合分析，并且计算 RE、R^2 和 E_{ns} 等评价指标，以衡量模型的模拟水平。

1. SWAT 模型流量模拟

首先利用 SWAT 模型对平桥河流域进行子流域提取和 HRU 划分，结果显示平桥河流域的子流域提取与实际情况基本相同。SWAT 模型水文模块提取的子流域与流域实际的子流域相比，明显偏少，主要是由于人工沟渠等设施的建设，使海拔相差不大且不易产生径流的地方归为同一流域，而 SWAT 模型仅仅依靠 DEM 数据是很难实现的。图 5-1（a）是 SWAT 模型在平桥河流域的模拟结果，从率定期和验证期的差异来看，平桥河流域在率定期的拟合效果明显好于验证期，其相关系数也较高，且拟合线斜率更加接近 1。

2. SFHM 运行和模拟结果

SFHM 对平桥河流域的流量模拟结果和拟合分析呈现在图 5-1（b）中。可以明显看出，相比于 SWAT 模型的模拟结果，SFHM 模拟结果数据的散点分布更为集中，相关系数比 SWAT 模型更高，拟合线斜率也更接近 1。在平桥河流域，SFHM 模拟的结果更为精确，验证期结果又好于率定期结果。为综合评价 SWAT 模型和

SFHM 对水文过程的情况，应用式（2-1）～式（2-3）中的指标进行计算，并将结果呈现于表 5-1。

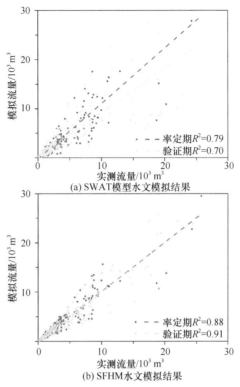

图 5-1　SWAT 模型和 SFHM 水文模拟结果

表 5-1　水文模拟指标评价

模型和模拟对象	RE	R^2	E_{ns}
SWAT 模型平桥河流域率定期	0.34	0.79	0.65
SWAT 模型平桥河流域验证期	0.38	0.70	0.66
SFHM 平桥河流域率定期	0.23	0.88	0.87
SFHM 平桥河流域验证期	0.22	0.91	0.91

由表 5-1 可以发现，无论是从评价指标的维度，还是模拟时段的维度，SFHM 的精度都显著高于 SWAT 模型。从 E_{ns} 上来看，对平桥河流域的模拟较好，可以得出该模型对亚热带季风区小流域的产汇流过程模拟适用性更好这一结论。

5.1.2　SFHM 参数敏感性分析

针对 SFHM 的模拟结果，选取敏感度最大的指标，包括蒸散递增乘数系数、日基础蒸散乘数系数、非降水日产流比率、地下水补给土壤水系数、地下水补给地表水系数、暴雨直接产流阈值、土壤水补给地表水系数和地表水补给土壤水系数。敏感性分析过程主要通过对参数值的按比例增减来评价模拟结果对参数变化的响应强度的强弱。

这些敏感性参数的筛选是通过式（2-3）中对参数敏感性的计算结果进行排序，取数值大于 0.025 的参数而得到的。本节对参数敏感性的分析主要通过在维持其余参数不变的情况下，对该分布取减少 20%、减少 10%、减少 5%、增加 5%、增加 10% 和增加 20% 六种情况进行模拟，并将模拟结果在同一数据图上绘制进行对比。

1. 蒸散递增乘数系数

蒸散递增乘数系数为描述植物蒸散对温度响应关系的参数，具体变化情况为当温度升高时，该参数的值增大，则增加的植物蒸散量同步增大。可以看出流量模拟值和蒸散递增乘数系数呈较明显的负相关关系，随着该参数的减小，模拟流量增大，且呈线性增长，这种现象在平桥河流域中有一致性的体现（图 5-2）。

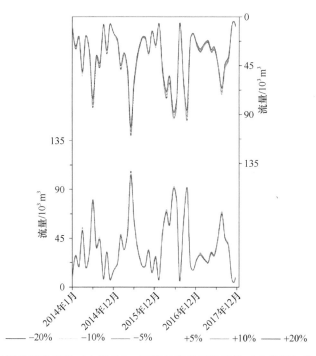

图 5-2　基于蒸散递增乘数系数（左纵轴）、日基础蒸散乘数系数（右纵轴）的参数敏感性分析

2. 日基础蒸散乘数系数

日基础蒸散乘数系数表征的是在 10℃、植物开始生长活动的情况下，每日基本的蒸腾作用蒸散发的水量。该参数与蒸散递增乘数系数类似，都对流量产生削减效应，但是其敏感度比蒸散递增乘数系数低。

3. 暴雨直接产流阈值

暴雨直接产流阈值描述的是最大可填洼降水强度，即超过此强度的降水既不产生填洼，又不产生下渗，直接产生径流，坡地汇流速度按照坡降比例和地表粗糙度结合计算，该参数的设置也是为了跟踪和模拟研究区域中暴雨数量多、强度大、汇流时间短的情况。暴雨直接产流阈值与模拟流量呈正相关关系，且敏感性较强，该参数超过涉及地表水、土壤水和地下水交换比例的参数，这也与该参数直接作用于径流过程有关。对于流量较大的情况，通常在暴雨之后，暴雨直接产流阈值的敏感性和影响力更大（刘兴坡等，2020）。

4. 非降水日产流比率

非降水日产流比率是描述基础水文过程的参数，反映的是在没有降水情况下，饱和含水土壤最低的日产出流量的比例。就参数的作用原理而言，其值的增加会导致模拟流量的增加，在结果分析中也大致呈现此种特征（图 5-3）。值得注意的是，流量较大时，非降水日产流比率的敏感度较高。

5. 地下水补给地表水系数

地下水补给地表水系数描述地下水向地表水转移的强度。由图 5-4 可知，在流量较大的情况下，参数地下水补给地表水系数更为敏感，大体情况是模拟流量随着参数地下水补给地表水系数的变化同步变化。另外，相较于地下水补给土壤水系数，地下水补给地表水系数对模拟流量的影响更大。

6. 土壤水补给地表水系数

土壤水补给地表水系数表征的是土壤水向地表水的迁移强度。由图 5-4 可知，其呈现出三个主要特征：第一，对流量的影响非线性；第二，在流量较大情况下，该参数的敏感性也更大；第三，土壤水补给地表水系数对流量变化的影响远大于地下水补给地表水系数、地下水补给土壤水系数和土壤水补给地下水系数等不同水体间的转换强度参数。

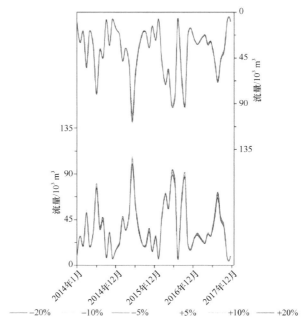

图 5-3　基于暴雨直接产流阈值（左纵轴）、非降水日产流比率（右纵轴）的参数敏感性分析

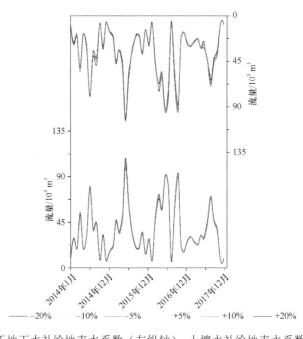

图 5-4　基于地下水补给地表水系数（左纵轴）、土壤水补给地表水系数（右纵轴）
的参数敏感性分析

7. 地下水补给土壤水系数

地下水补给土壤水系数描述的是地下水向土壤水转移强度。由图 5-5 可知，其对模拟流量变化的影响较小，地下水补给土壤水系数的减少可以小范围地减少模拟流量。

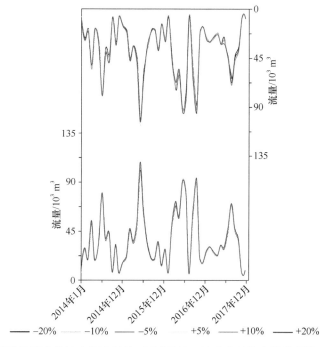

图 5-5 基于地下水补给土壤水系数（左纵轴）、地表水补给土壤水系数（右纵轴）的参数敏感性分析

8. 地表水补给土壤水系数

地表水补给土壤水系数表征的是地表水向土壤水的转移强度。由图 5-5 可知，其对流量变化的影响是非线性的，在大流量的情况下，该参数的敏感性更强，这与土壤水补给地表水系数是一致的，但是其对模拟流量的影响较小。

5.1.3 SFHM 不确定性分析

本研究针对 SFHM 不确定性分析主要基于气候和人类活动的变化，按照波动范围，在波动的上下区间界限中，使用计算机程序，随机产生符合正态分布的输入数据不确定分布序列，每次模拟产生 1000 次的随机分布输入数据序列，带入模型中进行模拟计算，并将不同波动区间下产生的模拟结果对比绘制在图表中。水文模型主要基于灌溉、降水、气温和土地利用四种情况进行不确定性分析。

1. 基于灌溉的不确定性分析

由图 5-6 可知，灌溉变化的不确定性对模拟流量的影响有限。平桥河流域在灌溉变化±20%的条件下，流量模拟值呈现出较大变化，即模拟结果的不确定性增加。

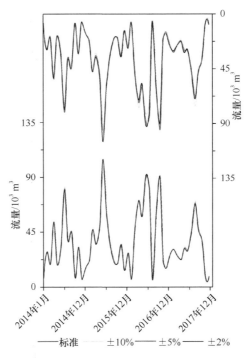

图 5-6　基于灌溉（左纵轴）和降水（右纵轴）的不确定性分析

2. 基于降水的不确定性分析

由图 5-6 可见，降水的不确定性对流量模拟的影响显著，且在流量较大的情况下尤为明显，部分因为较大的降水会带来较大的流量。另一个主要特征是，与±2%条件下的模拟值相比，±5%和±10%的模拟值波动较大，反映出模拟结果的不确定性与输入条件的不确定性大致呈现出一致变化的特征（McMillan et al.，2012）。

3. 基于气温的不确定性分析

相较于灌溉和降水，气温的不确定性对模拟结果的影响较小（图 5-7），这与气温、降水和灌溉的单位不同有关。

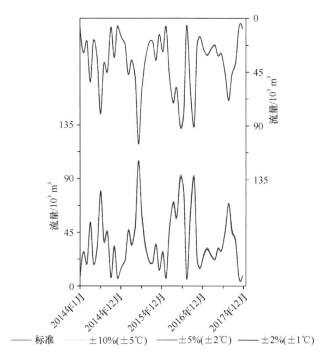

图 5-7　基于气温（左纵轴）和土地利用（右纵轴）的不确定性分析

4. 基于土地利用的不确定性分析

　　土地利用的不确定性对流量的模拟结果的影响较为有限（图 5-7），且两者一致性较差，相较±10%，±5%的条件下得到波动性较大的值较多。

5.2　营养盐输出模拟

　　对于平桥河流域的水质模拟流程和分析验证方法与水文模型一样，先进行模拟结果的线性拟合分析，再进行评价指标分析。在结果分析的基础上进行 SFWQM 的参数敏感性分析和不确定性分析。模拟过程中也是将两个流域观测时段四年中的前两年作为模型率定期，后两年作为模型验证期。模型的输出结果为平均每日的单项营养盐浓度，具体指标：SWAT 模型有五项，分别是 TN、NO_3^--N、NO_2^--N、NH_4^+-N 和 TP；SFWQM 有六项，分别是 TN、NO_3^--N、NO_2^--N、NH_4^+-N、TP 和 $PO_4^{3-}-P$。

5.2.1 SWAT 模型和 SFWQM 水质模拟与结果评价

1. TN 模拟和结果评价

SWAT 模型对流域 TN 的模拟精度很好［图 5-8（a）］，而率定期的效果好于验证期，平桥河流域的模拟结果接近实测值。与 SWAT 模型对流域水文的模拟情况对比，对 TN 的模拟精度有显著提高。值得注意的是，基于平桥河流域模拟的流量数据得出 TN 的模拟结果较好，这在一定程度上降低 SWAT 模型对 TN 模拟的可靠性。SFWQM 对平桥河流域的 TN 模拟结果略好于 SWAT 模型，率定期和验证期数据的模拟精度的差异性也较小［图 5-8（b）］。

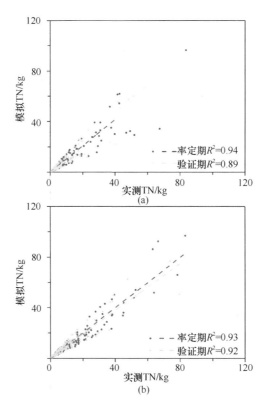

图 5-8　SWAT 模型（a）和 SFWQM（b）对 TN 的模拟结果

针对 TN 的模拟，将 SWAT 模型和 SFWQM 的模拟结果的指标评价对照于表 5-2。

表 5-2　TN 模拟指标评价

模型和模拟对象	RE	R^2	E_{ns}
SWAT 模型平桥河流域率定期	0.25	0.94	0.89
SWAT 模型平桥河流域验证期	0.26	0.89	0.89
SFWQM 平桥河流域率定期	0.19	0.93	0.93
SFWQM 平桥河流域验证期	0.20	0.92	0.92

　　从表 5-2 中的三项参数来看，SFWQM 对 TN 的模拟精度和可靠性高于 SWAT 模型，对平桥河流域的模拟结果差异也较小，值得注意的是 SFWQM 模拟结果的 E_{ns} 值都不小于 0.92，由此得出效率较高。

2. NO_3^--N 模拟和结果评价

　　SWAT 模型对 NO_3^--N 的模拟结果精度很高，且相关系数的数值与 TN 的模拟结果接近。与 TN 的模拟类似，SFWQM 对 NO_3^--N 的模拟精度也高于 SWAT 模型（图 5-9），但两个模型在对平桥河流域模拟时，验证期的相关系数大于率定期。

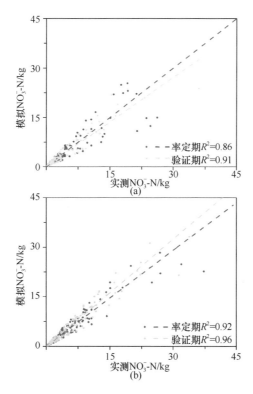

图 5-9　SWAT 模型（a）和 SFWQM（b）对 NO_3^--N 的模拟结果

针对 NO_3^--N 的模拟指数评价见表 5-3，基于 SWAT 模型和 SFWQM 模拟结果的三项指标的数值都与 TN 的评价值接近，SFWQM 仍然好于 SWAT 模型。

表 5-3 NO_3^--N 模拟指标评价

模型和模拟对象	RE	R^2	E_{ns}
SWAT 模型平桥河流域率定期	0.25	0.86	0.84
SWAT 模型平桥河流域验证期	0.25	0.91	0.91
SFWQM 平桥河流域率定期	0.20	0.92	0.91
SFWQM 平桥河流域验证期	0.20	0.96	0.94

3. NO_2^--N 模拟和结果评价

相比于 TN 和 NO_3^--N，NO_2^--N 为含量较低的指标。在平桥河流域 SWAT 模型对 NO_2^--N 的模拟精度与 NO_3^--N 类似 [图 5-10（a）]。

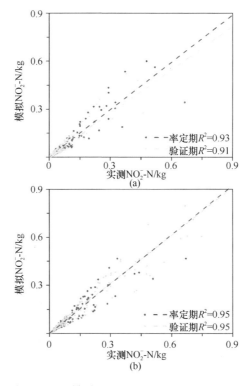

图 5-10 平桥河流域 SWAT 模型（a）和 SFWQM（b）对 NO_2^--N 的模拟结果

SFWQM 在模拟 NO_2^--N 方面的表现很好，通过大的相关系数、长的拟合线和更接近于 1 的拟合线斜率可直观体现 [图 5-10（b）]。由 NO_2^--N 模拟指标评价（表 5-4）

可见，SWAT 模型和 SFWQM 的表现都很好，精度超过 NO$_3$-N 和 TN。相对误差也更小，对 SWAT 模型而言，在 0.25 左右；对 SFWQM 而言，在 0.20 左右。SWAT 模型模拟结果的决定系数和纳什效率系数均在 0.91～0.93，而 SFWQM 模拟结果的决定系数和纳什效率系数均在 0.95 左右。

表 5-4　NO$_2^-$-N 模拟指标评价

模型和模拟对象	RE	R^2	E_{ns}
SWAT 模型平桥河流域率定期	0.25	0.93	0.93
SWAT 模型平桥河流域验证期	0.25	0.91	0.91
SFWQM 平桥河流域率定期	0.21	0.95	0.95
SFWQM 平桥河流域验证期	0.19	0.95	0.94

4. NH$_4^+$-N 模拟和结果评价

SWAT 模型对 NH$_4^+$-N 的模拟结果达到很高的精度 [图 5-11（a）]。

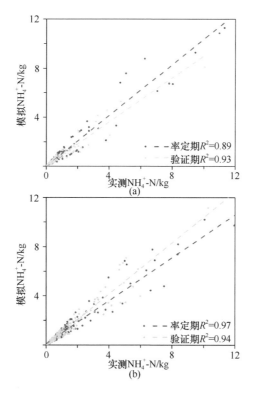

图 5-11　SWAT 模型（a）和 SFWQM（b）对 NH$_4^+$-N 的模拟结果

同样的特征还出现在 SFWQM 对 NH_4^+-N 的模拟结果上 [图 5-11 (b)]。综合考虑表 5-5 中的各项数据,可以得出虽然 SWAT 模型和 SFWQM 对 NH_4^+-N 的模拟精度略低于 NO_2^--N,但是仍然维持在很高的水平上,而且不同模拟时段的结果也保持很好一致性。

表 5-5　NH_4^+-N 模拟指标评价

模型和模拟对象	RE	R^2	E_{ns}
SWAT 模型平桥河流域率定期	0.24	0.89	0.87
SWAT 模型平桥河流域验证期	0.23	0.93	0.94
SFWQM 平桥河流域率定期	0.21	0.97	0.96
SFWQM 平桥河流域验证期	0.20	0.94	0.93

相较于 NO_3^--N 和 TN,NO_2^--N 和 NH_4^+-N 的数值更小,其实测值的波动范围也相对较小,同时 NO_2^--N 和 NH_4^+-N 参与的生物化学过程要略少于 NO_3^--N 和 TN,也使模拟过程更加可控。此外,NO_2^--N 和 NH_4^+-N 的稳定存在在一定程度上依赖厌氧环境,这与 NO_3^--N 相反,其原因可能是使用的两个模型对此种条件下的模拟较为可靠。本书对 TN 和氮元素各种不同形式的模拟结果与原因分析得到相关研究的支持(李林桓,2018;夏小江,2012)。

5. TP 模拟和结果评价

相比于 TN,TP 的含量较低,涉及的生物化学过程相对简单,SWAT 模型对 TP 的模拟也更好。就平桥河流域的率定期和验证期而言,验证期的精度较低,主要原因在于对一些异常高值的模拟精度不足 [图 5-12 (a)]。

与其他的主要营养盐指标相同,SFWQM 对 TP 的模拟结果也好于 SWAT 模型,尤其在对平桥河流域的模拟中,模型对实测值中出现的一些异常高值的模拟结果很好,率定期和验证期的相关系数都很高 [图 5-12 (b)]。

表 5-6 汇总两个水质模型对 TP 模拟的评价,相比于 NO_2^--N 和 NH_4^+-N,TP 的模拟精度略有下降,但仍然显著高于 TN。平桥河流域的 TP 实测值有不少异常高值,是模拟的难点,这可能与平桥河流域面积较大、流域中产生 TP 的各种不确定来源较多和流域内禽类养殖较多等因素有关,其中禽类养殖会造成 TP 含量的增加在相关研究中有涉及(杨超杰,2017;杨超杰等,2017)。另外,针对氮磷模拟呈现出的不同特征的分析也有较多的研究支撑,其中对两者模拟精度差异的解释与本研究接近(司家济,2019;王丹,2016)。

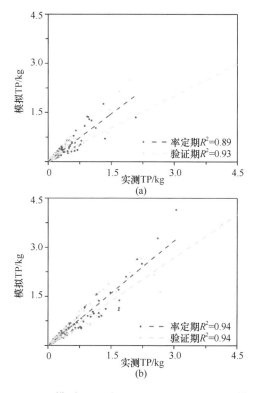

图 5-12　SWAT 模型（a）和 SFWQM（b）对 TP 的模拟结果

表 5-6　TP 模拟指标评价

模型和模拟对象	RE	R^2	E_{ns}
SWAT 模型平桥河流域率定期	0.24	0.89	0.86
SWAT 模型平桥河流域验证期	0.24	0.93	0.85
SFWQM 平桥河流域率定期	0.20	0.94	0.92
SFWQM 平桥河流域验证期	0.21	0.94	0.94

6. PO_4^{3-}-P 模拟和结果评价

PO_4^{3-}-P 浓度是本研究实验分析涉及的水质指标，对 PO_4^{3-}-P 的模拟是本研究开发的 SFWQM 中新增加的功能，在 SWAT 模型中没有涉及。与其他五项营养盐指标类似，SFWQM 对 PO_4^{3-}-P 的模拟精度维持在很高的水平（图 5-13），在平桥河流域，其率定期和验证期的散点分布、相关系数及拟合线斜率均显示出很好的结果。

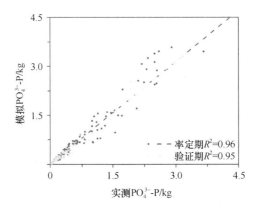

图 5-13　SFWQM 对 PO_4^{3-}-P 的模拟结果

对 PO_4^{3-}-P 模拟的指标评价（表 5-7）反映出 SFWQM 有很好的表现，其模拟精度与 NO_2^--N 和 NH_4^+-N 的水平相近，在平桥河流域，其模拟相对误差为 0.20、决定系数均不低于 0.95、纳什效率系数在 0.95 左右，这种现象与平桥河流域的 PO_4^{3-}-P 实测数据序列较为规整、异常值较少有关。同时 PO_4^{3-}-P 作为数值较低的指标，本身变化波动的空间有限，其涉及的生物化学过程也相对简单，SFWQM 将其概化成一组基于 TP 浓度的转换比例，这种简单的算法也可能是模拟结果较好的原因之一。

表 5-7　PO_4^{3-}-P 模拟指标评价

模型和模拟对象	RE	R^2	E_{ns}
SFWQM 平桥河流域率定期	0.20	0.96	0.95
SFWQM 平桥河流域验证期	0.20	0.95	0.94

5.2.2　SFWQM 参数敏感性分析

SFWQM 参数敏感性分析主要包括对氮循环敏感的参数和对磷循环敏感的参数两大类。前者包括快速氮库流失速率、土壤初始氮含量、肥料中的氮输入量、植物碳氮比和基于土壤湿度的土壤呼吸乘数系数；后者包括肥料中的磷输入量。

1. 快速氮库流失速率

快速氮库流失速率即土壤快速氮库的氮流失速率。该参数对 TN 模拟的影响巨大，一般情况下，随着快速氮库流失速率的增大，TN 模拟值也在增大，而且在高值附近更加明显。与 TN 类似，作为 TN 各种成分中占比最大的氮元素存在形式，NO_3^--N 对快速氮库流失速率的响应也很显著，而且形成数个峰值，但 NO_3^--N 模拟值增加与快速氮库流失速率的增加有时并不同步（图 5-14）。

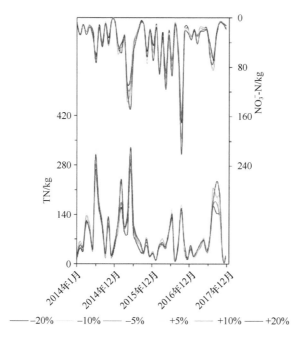

图 5-14　基于快速氮库流失速率参数敏感性分析的 TN 和 NO_3^--N 模拟

NO_2^--N 对快速氮库流失速率的响应相比于 NO_3^--N 较小，而且变化较同步，针对 NO_2^--N 模拟的峰值情况，快速氮库流失速率的敏感性有所增加，但不如 NO_3^--N 显著。NH_4^+-N 模拟值的变化对快速氮库流失速率的响应与 NO_3^--N 类似，也存在不同步、峰值敏感以及在峰值有形态上的偏离等特征，可能与 NH_4^+-N 和 NO_3^--N 的流失过程有关（图 5-15）。

2. 土壤初始氮含量

土壤初始氮含量即土壤氮库中初始氮含量，是对氮循环模拟最为敏感的参数之一。TN 模拟值对土壤初始氮含量的响应很剧烈，且一致性好（图 5-16）。NO_3^--N 对土壤初始氮含量的响应强度与 TN 类似，并且呈现出在峰值和谷值都较高的特征。

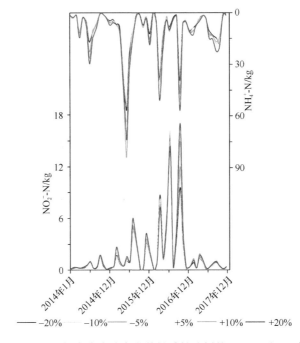

图 5-15 基于快速氮库流失速率参数敏感性分析的 NO_2^--N 和 NH_4^+-N 模拟

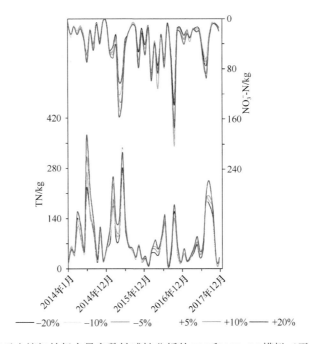

图 5-16 基于土壤初始氮含量参数敏感性分析的 TN 和 NO_3^--N 模拟（平桥河流域）

相比于 TN 和 NO_3^--N，NO_2^--N 对土壤初始氮含量的响应强度较弱，峰值的响应强度较明显，但一致性较好。相比于 NO_2^--N，NH_4^+-N 对土壤初始氮含量的响应强度明显较大，但不及 TN 和 NO_3^--N，其响应在峰值和谷值也较明显，且一致性较好（图 5-17）。

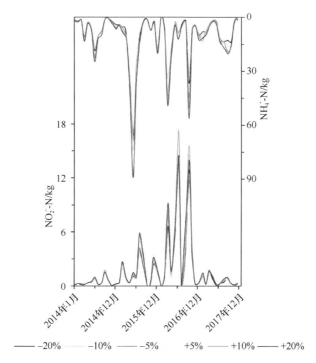

图 5-17　基于土壤初始氮含量参数敏感性分析的 NO_2^--N 和 NH_4^+-N 模拟

3. 肥料中的氮输入量

肥料中的氮输入量即人工施肥输入的氮，是流域氮循环中最大的氮来源之一，也是对模拟氮浓度最为敏感的参数之一。TN 对肥料中的氮输入量的响应强烈，在峰值和谷值的响应强度均较大，且呈现出较好的一致性。NO_3^--N 对肥料中的氮输入量的响应强烈，在峰值和谷值的响应强度均较大，但一致性不好（图 5-18）。

NO_2^--N 对肥料中的氮输入量的响应不如 TN 和 NO_3^--N 强烈，在峰值的响应强度较大，在谷值的响应强度较小，但一致性良好。NH_4^+-N 对肥料中的氮输入量的响应与 NO_2^--N 类似，比 TN 和 NO_3^--N 弱，在峰值的响应强度较大，在谷值的响应强度较小，但一致性良好（图 5-19）。

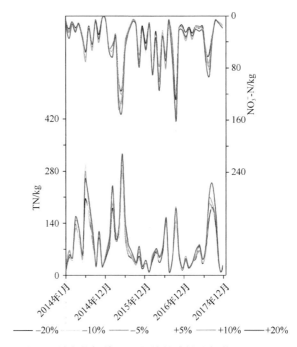

图 5-18　基于肥料中的氮输入量参数敏感性分析的 TN 和 NO_3^--N 模拟

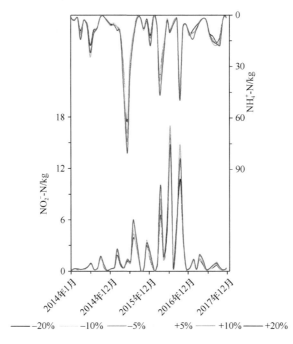

图 5-19　基于肥料中的氮输入量参数敏感性分析的 NO_2^--N 和 NH_4^+-N 模拟

4. 植物碳氮比

　　植物碳氮比是影响植物呼吸最主要的参数之一，同时也间接影响植物的生长和对氮元素的利用。TN 对植物碳氮比的响应呈现出异于上述三个土壤氮库参数的形式，具体表现为在减少 10%的情况下模拟值整体高于其他几个模拟条件（图5-20）。产生此种现象的具体原因尚不明确，有可能是在植物碳氮比减少 10%的条件下植物能达到最高的氮利用效率，利用最少的氮，从而有更多的氮流失。NO_3^--N 对植物碳氮比的响应与 TN 类似，其原因很可能类似。

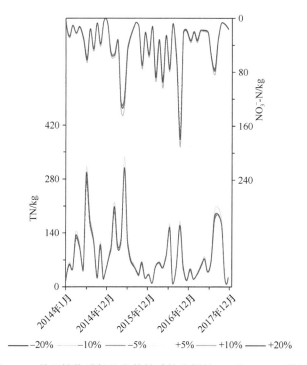

图 5-20　基于植物碳氮比参数敏感性分析的 TN 和 NO_3^--N 模拟

　　NO_2^--N 和 NH_4^+-N 对植物碳氮比的响应与 TN 类似，其原因也很可能类似（图 5-21）。

5. 基于土壤湿度的土壤呼吸乘数系数

　　基于土壤湿度的土壤呼吸乘数系数即土壤呼吸对土壤湿度的乘数系数，表征在一定土壤湿度条件下的土壤呼吸速率，根据土壤微生物的特性，该参数存在最高值。由于土壤微生物呼吸是其生存的必要条件，也间接影响其对氮元素

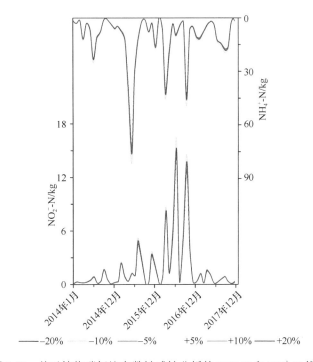

图 5-21　基于植物碳氮比参数敏感性分析的 NO_2^--N 和 NH_4^+-N 模拟

的利用，以及硝化过程和反硝化过程的速率。TN 对基于土壤湿度的土壤呼吸乘数系数的响应强度一般，与对基于土壤湿度的土壤呼吸乘数系数的响应情况较为一致，具体表现为在减少 10%的情况下模拟值整体高于其他几个模拟条件（图 5-22）。其具体原因也与基于土壤湿度的土壤呼吸乘数系数类似，很可能是基于土壤湿度的土壤呼吸乘数系数在最佳模拟参数配置的情况下减少 10%可以达到土壤微生物对氮元素的最大利用效率，从而造成最大的氮输出量。该解释也适用于氮元素的其他存在形式的响应情况，包括 NO_3^--N、NO_2^--N 和 NH_4^+-N（图 5-22 和图 5-23）。

6. 肥料中的磷输入量

　　肥料中的磷输入量即施肥中的磷输入量，是流域水质模型中磷输入的主要来源。模拟 TP 对肥料中的磷输入量的响应强烈，在峰值和谷值的响应强度均较大，一致性也很好，所以可以认为肥料中的磷输入量的增加可以造成 TP 模拟值的增加（图 5-24）。模拟 PO_4^{3-}-P 对肥料中的磷输入量的响应不如 TP 强烈，在峰值的响应强度较大，而在谷值较小，一致性一般，所以肥料中的磷输入量的增加不一定

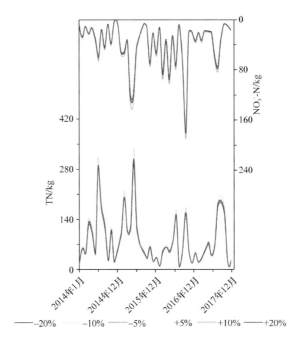

图 5-22　基于土壤湿度的土壤呼吸乘数系数参数敏感性分析的 TN 和 NO_3^--N 模拟

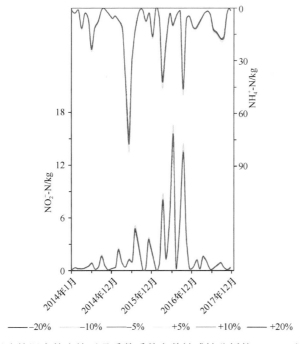

图 5-23　基于土壤湿度的土壤呼吸乘数系数参数敏感性分析的 NO_2^--N 和 NH_4^+-N 模拟

造成 PO_4^{3-}-P 模拟值的增加（图 5-24）。当然，这里参数中涉及的肥料是农家肥，其中磷元素的存在形式有很大的比例是有机磷，而非 PO_4^{3-}-P。

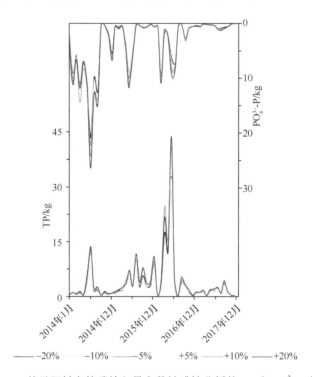

图 5-24 基于肥料中的磷输入量参数敏感性分析的 TP 和 PO_4^{3-}-P 模拟

5.2.3 SFWQM 不确定性分析

针对气候条件和人类活动的不确定性，SFWQM 考虑灌溉、降水、生活污水排放、施肥和土地利用五种情况的不确定性输入，并进行模拟分析。

1. 基于灌溉的不确定性分析

TN 对灌溉的不确定性的响应显著，但模型输出结果的不确定性与输入的灌溉数据的不确定性不同步。NO_3^--N 对灌溉的不确定性的响应显著，与 TN 类似，NO_3^--N 模拟的输出结果的不确定性与输入的灌溉数据的不确定性不同步（图 5-25）。

NO_2^--N 对灌溉的不确定性的响应不如 NO_3^--N 和 TN 显著，一致性也较差。NH_4^+-N 对灌溉的不确定性的响应强度与 NO_2^--N 类似，一致性也较差（图 5-26）。

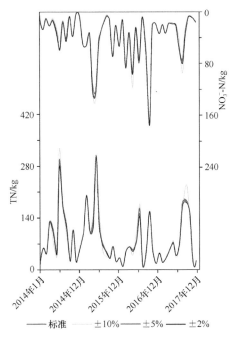

图 5-25　基于灌溉不确定性的 TN 和 NO₃-N 模拟

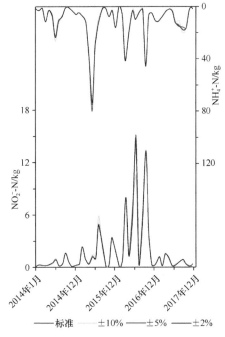

图 5-26　基于灌溉不确定性的 NO₂-N 和 NH₄-N 模拟

　　TP 对灌溉的不确定性的响应强度与 NH_4^+-N 和 NO_2^--N 类似，一致性也较差（图 5-27）。也可以间接说明灌溉并非影响 TP 含量的最主要因素，或者说灌溉对水体 TP 含量的变化呈现出多重影响，即灌溉增加肥料和土壤中的磷元素溶解，增加水田中 TP 的含量；同时水田作为季节性水体，有着与湿地类似的作用，可以起到截水和蓄水的作用，即减少磷向河道的流失，从而降低流域出口的 TP 含量。针对水田等特殊土地利用形式在磷循环中的影响，有相关研究提出相似的观点（陈岩等，2019；黄云凤等，2004）。

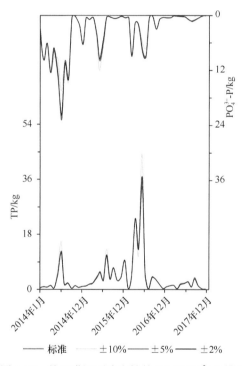

图 5-27　基于灌溉不确定性的 TP 和 PO_4^{3-}-P 模拟

2. 基于降水的不确定性分析

　　TN 对降水的不确定性响应十分强烈，在峰值和谷值的响应强度都很大，但是响应的一致性较差。NO_3^--N 对降水的不确定性响应也十分强烈，在峰值和谷值的响应强度也都很大，响应的一致性同样较差（图 5-28）。

　　与 TN 和 NO_3^--N 不同，NO_2^--N 对降水的不确定性响应较为不强烈，谷值的响应强度更小，响应的一致性也较差。与 NO_2^--N 类似，NH_4^+-N 对降水的不确定性响应也较为不强烈，谷值的响应强度更小，同时响应的一致性也较差（图 5-29）。

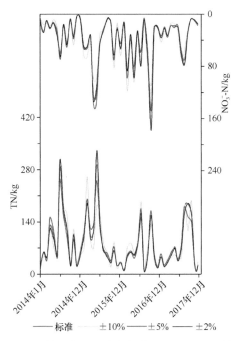

图 5-28　基于降水不确定性的 TN 和 NO$_3^-$-N 模拟

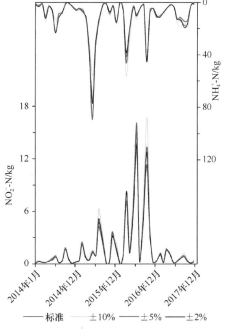

图 5-29　基于降水不确定性的 NO$_2^-$-N 和 NH$_4^+$-N 模拟

与 NH_4^+-N 和 NO_2^--N 类似，TP 对降水的不确定性响应也较为不强烈，其中峰值的响应强度较大，而谷值的响应强度较小，同时响应的一致性也较差。与 TP 有较大的不同，PO_4^{3-}-P 对降水的不确定性响应强度有所增加，峰值的响应强度也更大，而与其他所有营养盐指标不同的是，PO_4^{3-}-P 对降水不确定性响应的一致性相对较好（图 5-30），即降水不确定性增加的情况下，PO_4^{3-}-P 流失量的不确定性也在增加。

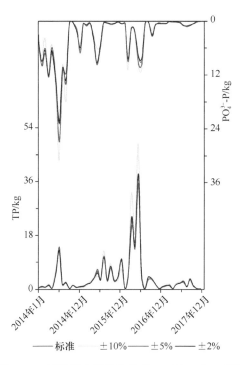

图 5-30   基于降水不确定性的 TP 和 PO_4^{3-}-P 模拟

3. 基于生活污水排放的不确定性分析

TN 基于生活污水排放的不确定性的响应较强烈，峰值和谷值的响应强度也都比较大，但响应的一致性较差。NO_3^--N 基于生活污水排放的不确定性的响应较强烈，峰值的响应强度较谷值更大，响应的一致性也较好（图 5-31）。

NO_2^--N 基于生活污水排放的不确定性的响应较 TN 和 NO_3^--N 弱，峰值的响应强度较谷值更大，响应的一致性很差。与 NO_2^--N 类似，NH_4^+-N 基于生活污水排放的不确定性的响应相对较弱，峰值的响应强度较谷值更大，响应的一致性很差（图 5-32）。

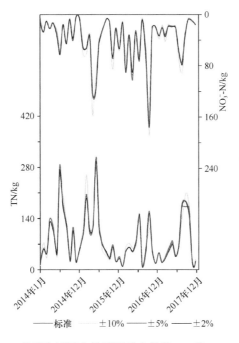

图 5-31 基于生活污水排放不确定性的 TN 和 NO₃-N 模拟

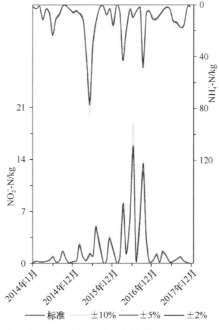

图 5-32 基于生活污水排放不确定性的 NO₂-N 和 NH₄-N 模拟

TP 对生活污水排放的不确定性的响应较 NH_4^+-N 和 NO_2^--N 更强烈，与 NO_3^--N 类似，峰值和谷值的响应强度都较大，对于响应的一致性方面，在平桥河流域较好。PO_4^{3-}-P 对生活污水排放的不确定性的响应程度较小，峰值和谷值的响应强度也都较小，同时一致性也较差（图 5-33）。

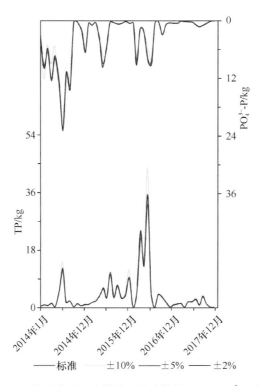

图 5-33　基于生活污水排放不确定性的 TP 和 PO_4^{3-}-P 模拟

4. 基于施肥的不确定性分析

TN 对施肥的不确定性的响应较强烈，峰值和谷值的响应强度也都较大，但一致性较差。NO_3^--N 对施肥的不确定性的响应较 TN 弱，不过峰值和谷值的响应强度相近，响应的一致性较差（图 5-34）。

NO_2^--N 对施肥的不确定性的响应比 NO_3^--N 更弱，谷值的响应强度比峰值更低，响应的一致性在平桥河流域呈现的趋势较差。NH_4^+-N 对施肥的不确定性的响应也较弱，程度与 NO_2^--N 接近，谷值的响应强度比峰值更低，在平桥河流域响应的一致性也较差（图 5-35）。

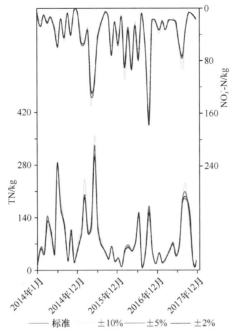

图 5-34　基于施肥不确定性的 TN 和 NO_3^--N 模拟

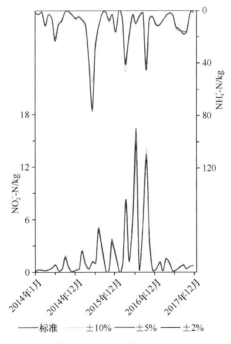

图 5-35　基于施肥不确定性的 NO_2^--N 和 NH_4^+-N 模拟

TP 对施肥的不确定性的响应比 NH_4^+-N 和 NO_2^--N 强烈，其中谷值的响应强度比峰值更低，在响应的一致性方面，平桥河流域较差。PO_4^{3-}-P 对施肥的不确定性的响应强度与 TP 类似，其中谷值的响应强度比峰值更低，在响应的一致性方面，平桥河流域较差（图 5-36）。

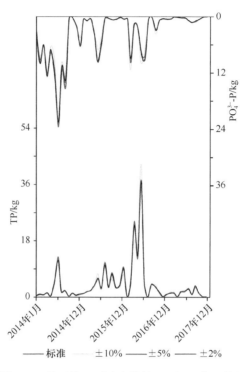

图 5-36 基于施肥不确定性的 TP 和 PO_4^{3-}-P 模拟

5. 基于土地利用的不确定性分析

TN 对土地利用的不确定性响应较弱，峰值和谷值的响应强度都较小，同时响应的一致性也较差。与 TN 类似，NO_3^--N 对土地利用的不确定性响应较弱，峰值和谷值的响应强度都较小，同时响应的一致性也较差（图 5-37）。

与 TN 和 NO_3^--N 类似，NO_2^--N 对土地利用的不确定性响应较弱，峰值和谷值的响应强度都较小，同时响应的一致性也较差。与 NO_2^--N 类似，NH_4^+-N 对土地利用的不确定性响应较弱，峰值和谷值的响应强度都较小，同时响应的一致性也较差（图 5-38）。

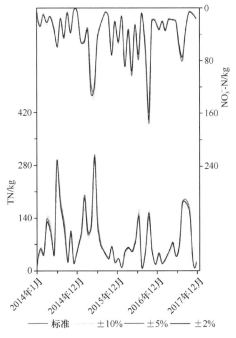

图 5-37　基于土地利用不确定性的 TN 和 NO$_3^-$-N 模拟

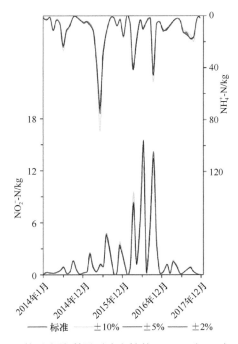

图 5-38　基于土地利用不确定性的 NO$_2^-$-N 和 NH$_4^+$-N 模拟

与氮元素的各种形式类似，TP 和 PO_4^{3-}-P 对土地利用的不确定性响应也较弱，且峰值和谷值的响应强度都较小，响应的一致性也较差（图 5-39）。

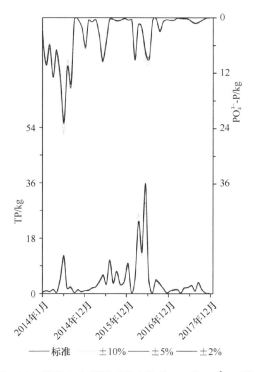

图 5-39　基于土地利用不确定性的 TP 和 PO_4^{3-}-P 模拟

5.3　本　章　小　结

本章主要运用 SFHM 和 SFWQM 对研究区域的流量和营养盐输出进行模拟，并将模拟结果与 SWAT 模型模拟结果进行对比分析。在此基础上，根据研究区域特征，进行参数敏感性分析和模型不确定性分析。通过研究得出以下结论。

（1）SFHM 和 SFWQM 在研究区域的适用性优于 SWAT 模型。SFHM 和 SFWQM 的模拟结果分析显示，SFHM 对流量模拟的 R^2 为 0.88，E_{ns} 为 0.86，优于 SWAT 模型（R^2 为 0.80；E_{ns} 为 0.71）。SFWQM 对水质指标模拟的 R^2 为 0.93，E_{ns} 为 0.92，也优于 SWAT 模型（R^2 为 0.91；E_{ns} 为 0.89）（Olivera et al.，2006）。另外，在模型的稳定性方面，SFHM 和 SFWQM 也比 SWAT 模型表现得更好，主要体现在率定期和验证期的 R^2 与 E_{ns} 差距较小，而 SWAT 模型对大部分指标在率定期的模拟好于验证期。

（2）SFHM 对地表水过程更敏感。基于参数敏感性分析可得，SFHM 对地表水过程的关键参数更敏感，具体包括暴雨直接产流阈值、土壤水补给地表水系数和地下水补给地表水系数。形成对比的是，模型对涉及气候条件、植物生理状况和地下水运动过程的参数敏感性较弱（Liu et al.，2015）。该现象说明在研究区域的水文过程中，从降水到产流形成的过程短暂，其中大部分过程在地表界面完成，土壤和植物都充分参与的水循环占比较小。

（3）SFWQM 对快速的氮磷循环更敏感。基于参数敏感性分析，SFWQM 各种形式的氮营养盐模拟对涉及快速氮库和直排氮库的参数最敏感，包括快速氮库流失速率、土壤初始氮含量和肥料中的氮输入量等，而对涉及植物生理生态以及大气氮沉降的参数敏感度较弱。与之类似，TP 和 PO_4^{3-}-P 的模拟对肥料中所含磷的数量最为敏感（Wu et al.，2005）。该现象也为探究流域氮磷营养盐来源和迁移过程提供关键线索，即对流域中施肥导致的氮磷流失仅靠植物和土壤的生物化学过程来吸收和控制是不够的，这些生物活动大多活跃于慢速氮库和慢速磷库，无法有效遏制快速氮库和快速磷库中的氮磷流失。因此，流域营养盐流失治理需要结合工程技术和流域地理，不能单纯依靠植物和微生物吸收。

（4）水文条件的不确定性对 SFHM 和 SFWQM 的影响都最大。在对 SFHM 的不确定性分析中，降水的影响最大，灌溉次之，气温的影响较弱，土地利用变化的影响不确定（Etheridge et al.，2013）。在对 SFWQM 的不确定性分析中，各种营养盐指标的模拟值首先是都对降水的不确定性有明显的响应；其次是对施肥和生活污水排放等与营养盐输入直接相关的条件的不确定性响应较明显；再次是对灌溉的响应；最后是对土地利用不确定性的响应。若考虑到灌溉只涉及水田，面积占流域的比例都不超过 20%，且只发生在水稻生长期，而施肥同时作用于水田、旱地和园地，且各个季节都可能发生，尤其是春季，即可得出就单位面积而言，灌溉的不确定性对营养盐浓度的影响超过施肥。因此，合理利用降水和安排灌溉时间能有效降低营养盐浓度变化的不确定性。

第6章

基于 SWAT 系列模型的情景模拟与分析

6.1 模型情景模拟

针对实际情况中，水源地小流域面临的各种情景，本研究运用 SWAT 系列模型相关的 SFWQM 流域水质模型模拟流域输出营养盐的量，涉及的情景主要有三大类，包括基于自然和人类活动事件的情景模拟（降水量变化、降水集中度变化和灌溉量变化三种情景）；基于特定土地利用类型变化的情景模拟（水田、旱地和园地三种土地利用类型）；基于流域综合管理措施的情景模拟（生活污水处理、河道治理和湿地建设三种主要措施）。情景模拟的方法也是通过按比例改变输入数据和设置参数的值来模拟，并将各种条件下的模拟结果汇总绘图。通过对这九种情景的模拟，试图跟踪和模拟研究时段内平桥河流域实际的管理措施，揭示各种情景对水质变化的影响，估测评价管理措施的有效性并对小流域综合治理提出有针对性的管理建议。

6.1.1 基于自然和人类活动事件的情景模拟

1. 基于降水量变化的情景模拟

在降水量变化的背景下，TN 的变化也较大，且一致性较好，可以认为在较大降水量的条件下会带来较大的 TN 输出；NO_3^--N 的变化较 TN 小，一致性较好，可以认为在较大降水量的条件下会带来较大的 NO_3^--N 输出（图 6-1）。

在降水量变化的背景下，NO_2^--N 的变化较小，一致性较差，因此降水量的增加和 NO_2^--N 输出的增加没有明显关系；NH_4^+-N 的变化也较小，一致性也较差，因此降水量的增加和 NH_4^+-N 输出的增加没有明显关系（图 6-2）。

在降水量变化的背景下，TP 的变化较大，但一致性较差，因此降水量的增加和 TP 输出的增加没有明显关系；PO_4^{3-}-P 的变化程度一般，一致性较差，因此降水量的增加和 PO_4^{3-}-P 输出的增加没有明显关系（图 6-3）。

2. 基于降水集中度变化的情景模拟

与降水量变化的情景类似，TN 对降水集中度变化的响应明显，一致性较强，可以认为越集中的降水带来的 TN 流失量也越大。NO_3^--N 对降水集中度变化的响应也较为明显，平桥河流域呈现出较强的一致性，多数情况下可以认为越集中的降水带来的 NO_3^--N 流失量也越大（图 6-4）。

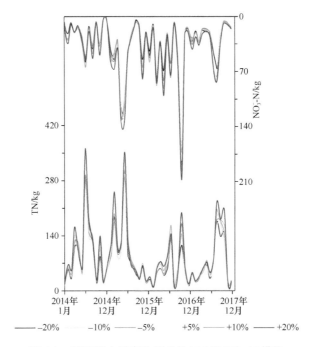

图 6-1 基于降水量变化情景的 TN 和 NO$_3^-$-N 模拟

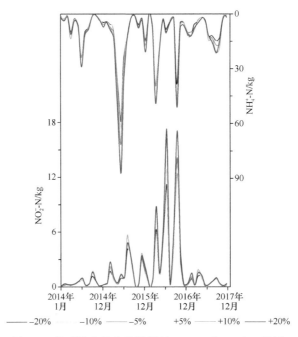

图 6-2 基于降水量变化情景的 NO$_2^-$-N 和 NH$_4^+$-N 模拟

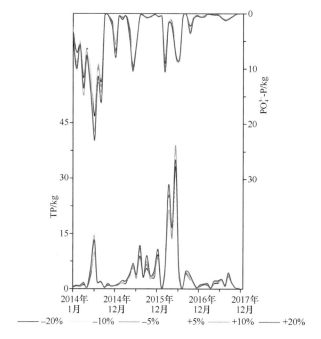

图 6-3　基于降水量变化情景的 TP 和 PO_4^{3-}-P 模拟

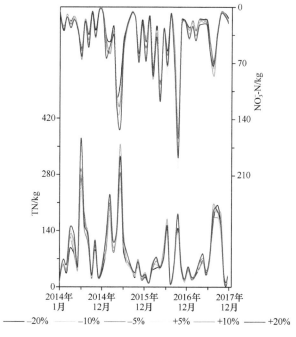

图 6-4　基于降水集中度变化情景的 TN 和 NO_3^--N 模拟

NO$_2$-N 对降水集中度变化的响应不及 NO$_3$-N 明显，在峰值的响应强度较大，在谷值的响应强度较小，但其响应的一致性较强，可以认为越集中的降水带来的 NO$_2$-N 流失量也越大。NH$_4^+$-N 对降水集中度变化的响应较明显，在峰值和谷值的响应强度都较大，响应的一致性也较强，一般情况下，可以认为越集中的降水带来的 NH$_4^+$-N 流失量也越大（图6-5）。

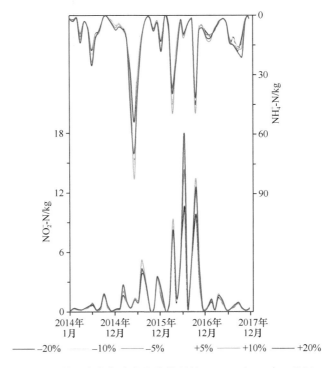

图6-5 基于降水集中度变化情景的 NO$_2$-N 和 NH$_4^+$-N 模拟

TP 对降水集中度变化的响应较明显，在峰值和谷值的响应强度都较大，其响应呈负相关关系，即可以认为越集中的降水带来的 TP 流失量越小。PO$_4^{3-}$-P 对降水集中度变化的响应较明显，在峰值的响应强度较大，在谷值的响应强度较小，但其响应的一致性不明显，因此可以认为降水集中度与 PO$_4^{3-}$-P 的流失量没有显著关系（图6-6）。

3. 基于灌溉量变化的情景模拟

TN 对灌溉量变化的响应较明显，在峰值的响应强度更大，在谷值的响应强度

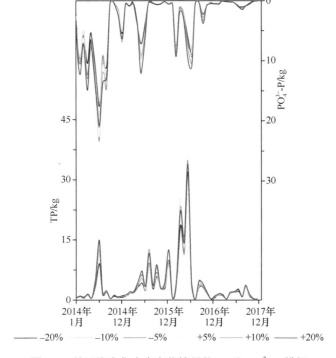

图 6-6　基于降水集中度变化情景的 TP 和 PO_4^{3-}-P 模拟

一般，响应的一致性也较明显，因此可以认为灌溉量与 TN 的流失量呈正相关关系。NO_3^--N 对灌溉变化的响应在平桥河流域的响应较明显，在峰值的响应强度更大，在谷值的响应强度一般，响应的一致性也较明显，因此，在平桥河流域可以认为灌溉量与 NO_3^--N 流失量呈正相关关系（图 6-7）。结合平桥河流域的土地利用结构，可以发现，平桥河流域水田占比较大，水田的数量还稳中有升。

　　NO_2^--N 对灌溉量变化的响应不明显，在峰值和谷值的响应强度都一般，响应的一致性也不明显，因此可以认为灌溉量的增加与 NO_2^--N 流失量的增加关系较小。NH_4^+-N 对灌溉量变化的响应较明显，在峰值的响应强度较大，在谷值的响应强度一般，响应的一致性较明显，因此可以认为灌溉量与 NH_4^+-N 流失量呈正相关关系（图 6-8）。

　　TP 对灌溉量变化的响应不明显，在峰值和谷值的响应强度都一般，响应的一致性也不明显，因此可以认为灌溉量的增加与 TP 流失量的增加关系较小。PO_4^{3-}-P 对灌溉量变化的响应较不明显，在峰值和谷值的响应强度都一般，响应的一致性也不明显，因此可以认为灌溉量的增加与 PO_4^{3-}-P 流失量的增加关系较小（图 6-9）。

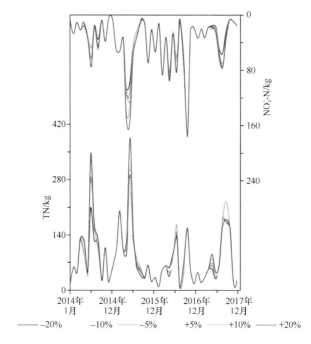

图 6-7　基于灌溉量变化情景的 TN 和 NO_3^--N 模拟

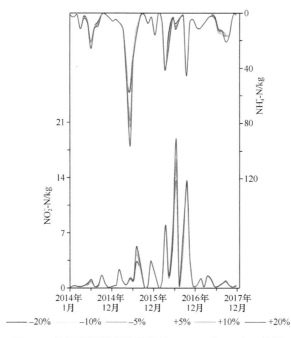

图 6-8　基于灌溉量变化情景的 NO_2^--N 和 NH_4^+-N 模拟

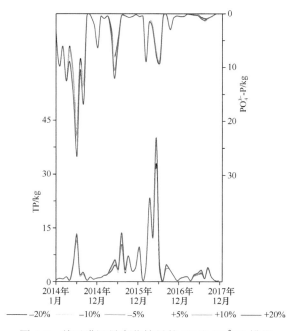

图 6-9 基于灌溉量变化情景的 TP 和 PO_4^{3-}-P 模拟

4. 基于自然和人类活动事件的情景模拟小结

综合考虑各种形式的氮磷营养盐流失的模拟情况，可以发现以下规律：第一，各种形式的氮磷营养盐的流失对自然和人类活动事件的情景响应差异较大，TP 和 PO_4^{3-}-P 的敏感性与 NO_2^--N 和 NH_4^+-N 接近，明显弱于 NO_3^--N 和 TN，可以认为降水、降水集中度和灌溉量的变化对 TP 和 PO_4^{3-}-P 流失的影响都不大；第二，相较于降水量和灌溉量，降水集中度对营养盐的流失影响更大，集中的降水一般会带来更大的流失量；第三，由于不同的自然地理条件和生产生活方式上的一定差异，平桥河流域灌溉量与 NO_3^--N 流失量在一般情况下呈正相关关系。

6.1.2 基于特定土地利用类型变化的情景模拟

1. 基于水田面积变化的情景模拟

总体上，水田面积的减少会带来 TN 的增加，在平桥河流域有显著响应。与 TN 类似，水田面积的减少会带来 NO_3^--N 流失量的增加（图 6-10）。

与 NO_3^--N 相反，一般情况下，水田面积的减少会带来 NO_2^--N 流失量的减少，这一趋势在平桥河流域比较明显；与 NO_3^--N 类似，水田面积的减少会带来 NH_4^+-N

流失量的增加，这一趋势在平桥河流域较为明显（图 6-11）。

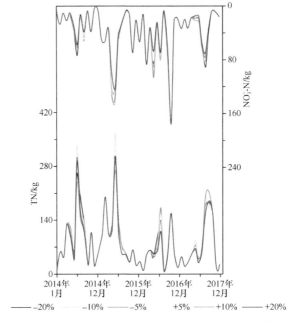

图 6-10　基于水田面积变化情景的 TN 和 NO_3^--N 模拟

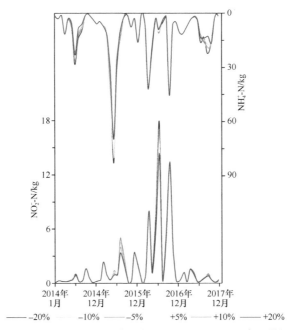

图 6-11　基于水田面积变化情景的 NO_2^--N 和 NH_4^+-N 模拟

在水田面积变化的背景下，TP 和 PO_4^{3-}-P 流失量的变化特征不明显，两者的相关性较弱（图 6-12）。

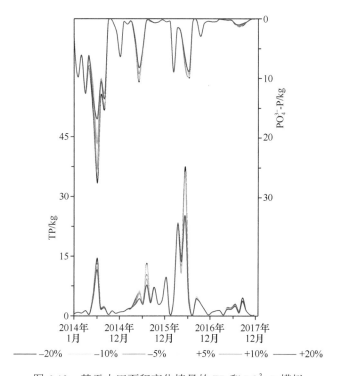

图 6-12　基于水田面积变化情景的 TP 和 PO_4^{3-}-P 模拟

2. 基于旱地面积变化的情景模拟

旱地面积的变化对 TN 的流失量有明显影响，且呈负相关关系；旱地面积的变化对 NO_3-N 的流失量有明显影响，但相关关系不明显（图 6-13）。

旱地面积的变化对 NO_2-N 的流失量的影响不明显，且相关关系较弱；旱地面积的变化对 NH_4^+-N 的流失量有较明显影响，呈现出较强的正相关关系（图 6-14）。

旱地面积的变化对 TP 的流失量的影响较明显，但相关关系不明显；旱地面积的变化对 PO_4^{3-}-P 的流失量的影响较明显，但未发现有明显的相关关系（图 6-15）。

3. 基于园地面积变化的情景模拟

园地面积的变化对 TN 的流失量有明显影响，但未发现有明显的相关关系；园地面积的变化对 NO_3-N 的流失量有明显影响，与 TN 类似，同样未发现有明显的相关关系（图 6-16）。

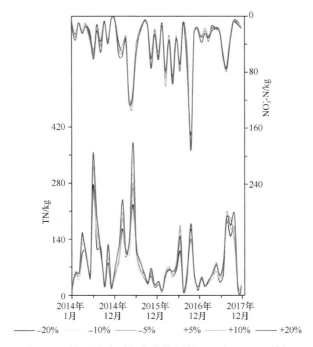

图 6-13　基于旱地面积变化情景的 TN 和 NO_3^--N 模拟

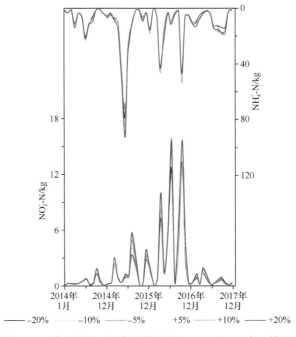

图 6-14　基于旱地面积变化情景的 NO_2^--N 和 NH_4^+-N 模拟

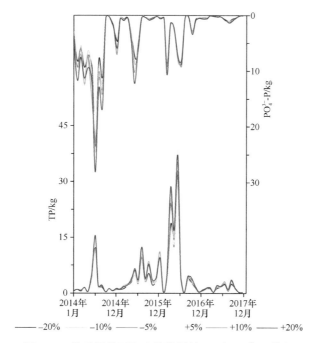

图 6-15 基于旱地面积变化情景的 TP 和 PO_4^{3-}-P 模拟

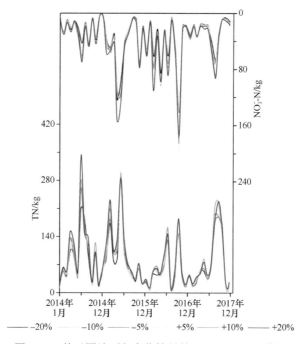

图 6-16 基于园地面积变化情景的 TN 和 NO_3^--N 模拟

园地面积的变化对 NO_2^--N 的流失量的影响明显，但与 NO_3^--N 和 TN 不同，园地面积与 NO_2^--N 流失量呈正相关关系；园地面积的变化对 NH_4^+-N 流失量的影响明显，但未发现有明显的相关关系（图 6-17）。

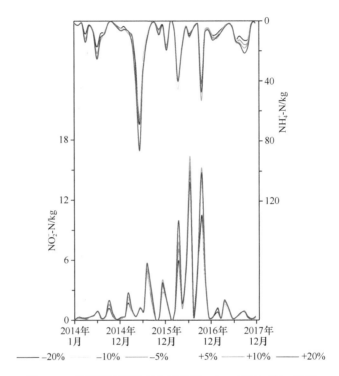

图 6-17　基于园地面积变化情景的 NO_2^--N 和 NH_4^+-N 模拟

园地面积的变化对 TP 的流失量的影响明显，且与 NO_2^--N 类似，园地面积与 TP 流失量呈正相关关系；园地面积的变化对 PO_4^{3-}-P 的流失量的影响明显，但未发现有明显的相关关系（图 6-18）。

4. 基于特定土地利用类型变化的情景模拟小结

针对水田、旱地和园地三种农业生产强度较高的土地利用类型进行的情景分析显示：第一，三种土地利用类型变化的情景下对营养盐的流失都有较大程度的影响；第二，三种土地利用类型的变化与营养盐流失的相关关系相差也比较大，水田在大部分情况下可以减少流失，而旱地会使流失量增加，园地的效应较为中性；第三，对于平桥河流域的情景分析得到的结果类似，说明这三种土地利用类型在流域中的水质驱动效应类似。

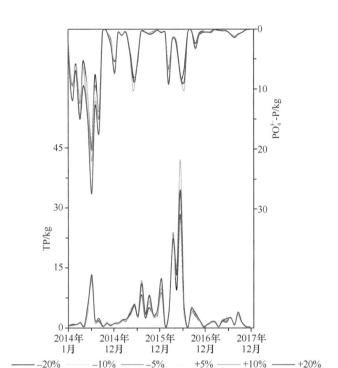

图 6-18　基于园地面积变化情景的 TP 和 PO$_4^{3-}$-P 模拟

6.1.3　基于流域综合管理措施的情景模拟

在本研究开展的时段内，对平桥河流域采取了较为典型和有效的流域治理措施，其中起到主要作用的措施包括生活污水处理、河道治理和湿地建设，分别针对面源污染的污染源、污染物迁移过程和污染物终端削减。SFWQM 流域水质模型通过流域管理模块，设置这三项管理措施的有和无，针对有无管理措施的情景，对 TN、NO$_3^-$-N、NO$_2^-$-N、NH$_4^+$-N、TP 和 PO$_4^{3-}$-P 分别进行模拟，并进行对照分析。

1. 基于生活污水处理的情景模拟

针对生活污水处理等情景，六项主要营养盐指标在有管理措施和无管理措施条件下的模拟结果分别展示于图 6-19～图 6-21。可见，生活污水处理后的各营养盐指标都有明显的下降，但是下降的幅度都很有限，这一方面肯定生活污水处理对营养盐削减的作用，另一方面也反映出这种削减作用存在局限性。

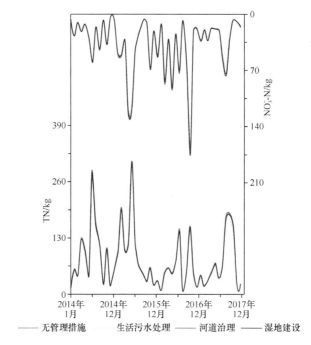

图 6-19 基于生活污水处理变化等情景的 TN 和 NO_3^--N 模拟

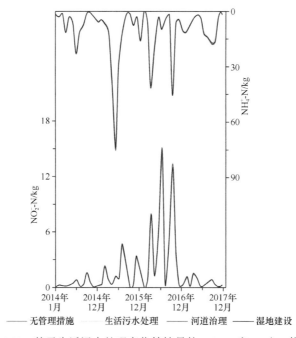

图 6-20 基于生活污水处理变化等情景的 NO_2^--N 和 NH_4^+-N 模拟

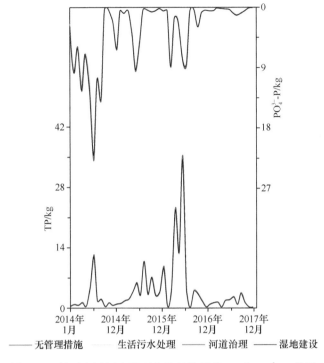

图 6-21　基于生活污水处理变化等情景的 TP 和 PO_4^{3-}-P 模拟

2. 基于河道治理的情景模拟

针对河道治理的情景，六项主要营养盐指标在有管理措施和无管理措施条件下的模拟结果与生活污水处理的情景模拟类似，河道治理后的各营养盐指标均有明显的下降，但是下降的幅度有限，这在肯定河道对营养盐削减作用的同时揭示这种作用的局限性。

3. 基于湿地建设的情景模拟

针对湿地建设的情景，六项主要营养盐指标在有管理措施和无管理措施条件下的模拟结果与生活污水处理和河流治理的情景模拟类似，湿地建设对减少营养盐流失具有一定的作用，但也存在局限性。

4. 基于流域综合管理措施的情景模拟小结

生活污水处理、河道治理和湿地建设三项主要的管理措施对氮磷营养盐的削减都起到积极作用，但作用比较有限，主要有两方面原因：第一，SFWQM 流域水质模型采用概化模型,对三项管理措施的研究还在定性程度。例如,设置生活污水处理后,其流域内直接汇入流域的生活污水中的氮磷负荷量就被清零,而事实情况是这三项管理措施不仅是静态的环保设施,还有动态的人工操作,后者较难模拟。第二,这三项管理措施分别针对污染源、污染物迁移过程、污染物终端削减,单独的一项措施无法涵盖氮磷营养盐产生和迁移的全过程,其作用有局限性,但在实际操作中经常是结合起来使用,其对营养盐的削减作用不是简单的相加,而是有质的改变。

6.2　营养盐负荷量估算

基于 SFWQM 流域水质模型,对平桥河流域的各个子流域分别进行水质模拟,最终计算出单位面积土地年度营养盐流失量,并进行对比分析。

1. TN 负荷量估算

根据模拟结果计算得 2014~2017 年,平桥河流域 TN 负荷量分别为 2.27 g/(m²·a)、2.27 g/(m²·a)、1.26 g/(m²·a) 和 1.66 g/(m²·a),四年平均值为 1.87 g/(m²·a)。与本流域相近的流域的 TN 负荷量经换算在 2.07~3.36 g/(m²·a),范围涵盖本研究的结果值(李恒鹏等,2013a;席庆,2014;杨超杰,2017)。

就 2014~2017 年的数值来看,2014 年和 2015 年 TN 负荷量处于较高水平,而 2016 年和 2017 年显著下降(图 6-22)。结合 3.3 节,这种变化可能与土地利用变化相关。2014~2015 年有较大规模的土地利用变化,主要涉及园地向水田和林地的转变,其过程中可能会带来较多的氮营养盐流失。相关的研究也显示,在平桥河流域茶园带来的氮营养盐污染较为严重,甚至超过耕地,而且茶园面积的增加也与 TN 负荷量的增加呈正相关关系(刁亚芹等,2013;李国砚等,2008)。与茶园相反的是林地,其基本具有削减氮营养盐流失的作用,本研究区域类似的研究也揭示,林地对营养盐的输出起着抑制作用(胡义涛,2017;李国砚等,2008)。相比 2016 年,2017 年也有一轮土地利用变化,最主要的特征是建设用地面积的减少,集中在平桥社区附近,变化方向也主要是由建设用地向水田转变,即土地复垦。平桥河流域,尤其是下游邻近流域出口的地方,由于水土条件较好,建设用地废弃后复垦为水田能在一年内完成,没有先转变为裸地,再转变为水田的中间过程,这也导致相比于 2016 年,2017 年 TN 负荷量只有较小幅度增加 [图 6-22(d)]。

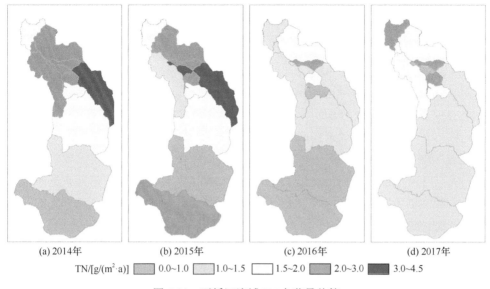

(a) 2014年　　　　　　(b) 2015年　　　　　　(c) 2016年　　　　　　(d) 2017年

TN/[g/(m²·a)]　▢ 0.0~1.0　▢ 1.0~1.5　▢ 1.5~2.0　▨ 2.0~3.0　▩ 3.0~4.5

图 6-22　平桥河流域 TN 负荷量估算

结合 3.1 节中平桥河流域的子流域划分图可以清楚地观察在平桥河流域从上游到下游，TN 负荷量基本在逐渐增加；从年际变化的角度来看，2014 年和 2015 年的 TN 负荷量在各个子流域的分布基本高于 2016 年和 2017 年；相较于 2016 年，2017 年的 TN 负荷量在子流域间有小幅度的增加，主要也发生在下游的子流域[图 6-22（d）]，这与流域整体的数据分析结果保持一致。

就某些特殊的子流域而言，2014 年和 2015 年子流域 T1 的 TN 负荷量一直处于最高的水平，这可能与这两年较大规模的园地流转有关，而子流域 T1 是茶园分布最为集中的子流域，流域内自然坡度也较大，可能会造成较多的氮营养盐流失 [图 6-22（a）和（b）]。另外，较为反常的情况是 2015 年，处于最上游的子流域 U1 的 TN 负荷量较大，可能与位于该子流域的居民点的生活污水直排量增加有关，在 2016 年由于污水收集和处理设施建设的完成，所有生活污水都已通过管道输送至平桥社区进行集中处理，所以之后未出现位于上游地区较高的 TN 负荷量[图 6-22（c）]。

结合平桥河流域的气象水文特征可知，作为最为丰水的 2016 年，其 TN 负荷量却最小，可以更加确定地认为 2016 年流域产生的 TN 负荷量本身就较少，才导致流失的 TN 负荷量最少。这些现象都可以说明在 2015 年之后平桥河流域 TN 负荷量显著减少，水环境得到较好的治理。而此阶段之内的土地利用变化，尤其是园地的减少和水田的增加起着较为重要的作用。

2. NO$_3^-$-N 负荷量估算

2014～2017 年平桥河流域 NO$_3^-$-N 负荷量分别为 0.51 g/(m^2·a)、1.08 g/(m^2·a)、0.53 g/(m^2·a)和 0.58 g/(m^2·a)，四年平均值为 0.68 g/(m^2·a)。估算得到的 NO$_3^-$-N 负荷量也与相近的研究区域的结果接近，相关文献中 NO$_3^-$-N 负荷量在 0.46～1.33 g/(m^2·a)（孙祥，2018；杨超杰等，2017）。就 NO$_3^-$-N 负荷量和 TN 负荷量关系来看，作为 TN 各成分中最主要的部分，NO$_3^-$-N 占 TN 的比例一般都超过 30%，甚至超过 50%（卢彬彬等，2019；席庆，2014）。2014～2017 年，平桥河流域中 NO$_3^-$-N 负荷量占 TN 的比例总体呈现出上升的态势。NO$_3^-$-N 作为水体中氮元素各种形态中较为稳定的形式，其占 TN 比例的增加也可以间接说明流域对其他形式的氮来源的控制。例如，生活污水和堆肥中，NH$_4^+$-N 的含量就更高，而 NO$_3^-$-N 占 TN 比例的增加也意味着对生活污水和堆肥中氮营养盐的流失的控制比较有力。在年际变化上，NO$_3^-$-N 负荷量与 TN 负荷量也呈现出较好的一致性，即 2015 年最高、到 2016 年下降、再到 2017 年有小幅度的上升，这总体特征也在图 6-23 中有较好的体现。

NO$_3^-$-N 负荷量在平桥河各子流域间的分布情况也和 TN 负荷量接近，呈现出从上游到下游显著增加，其中镇区附近和支流流域，即子流域 T1、T2 和 T3 一般出现高值（图 6-23）。同时对于 2015 年在源头 U1 流域出现的 TN 负荷量的高值

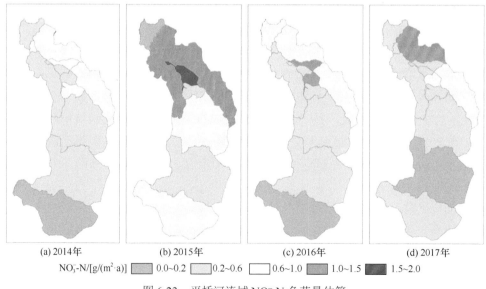

(a) 2014年   (b) 2015年   (c) 2016年   (d) 2017年

NO$_3^-$-N/[g/(m^2·a)] ▨ 0.0~0.2 ▧ 0.2~0.6 □ 0.6~1.0 ▨ 1.0~1.5 ■ 1.5~2.0

图 6-23 平桥河流域 NO$_3^-$-N 负荷量估算

也在 NO$_3^-$-N 负荷量上有所体现（图 6-22 和图 6-23），同时结合该子流域 NH$_4^+$-N 负荷量的较高值（图 6-24），这三者的一致性可以说明 2015 年在河流上游的居民点有较多的氮营养盐排放，而这三种负荷量指标在 2016 年子流域 U1 中都显著降低，出现最低值，这可以充分说明 2015 年建成的乡村生活污水收集能非常有效地减少水源地氮营养盐排放。

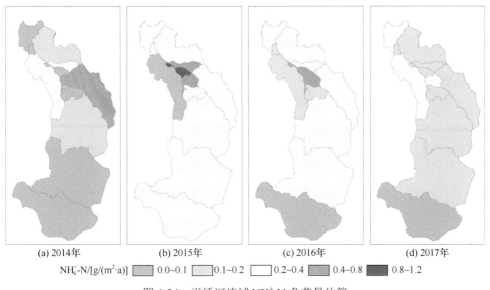

(a) 2014年　　　(b) 2015年　　　(c) 2016年　　　(d) 2017年

NH$_4^+$-N/[g/(m²·a)] ▨ 0.0~0.1　▨ 0.1~0.2　□ 0.2~0.4　▨ 0.4~0.8　■ 0.8~1.2

图 6-24　平桥河流域 NH$_4^+$-N 负荷量估算

3. NO$_2^-$-N 负荷量估算

作为含量较低的氮营养盐指标，2014～2017 年，平桥河流域 NO$_2^-$-N 负荷量分别为 0.01 g/(m²·a)、0.04 g/(m²·a)、0.14 g/(m²·a) 和 0.05 g/(m²·a)，四年平均值为 0.06 g/(m²·a)。与 TN 和 NO$_3^-$-N 的负荷量年际变化情况不同，NO$_2^-$-N 负荷量在 2016 年达到峰值，而 2017 年虽有下降，但仍然高于 2014 年和 2015 年，此种情况很有可能是因为 2016 年和 2017 年流域内水田与湿地的面积增加提供的厌氧环境有利于 NO$_2^-$-N 的稳定存在。

从 NO$_2^-$-N 负荷量在各子流域间的分布情况也可以发现，其分布特征与 TN 和 NO$_3^-$-N 有较大的差异（图 6-25），但总体仍然符合从上游到下游增加的规律。2017 年，下游的 NO$_2^-$-N 负荷量较 2016 年显著减少，而中游地区成为 NO$_2^-$-N 负荷量的高值地区，前者可以通过 2016～2017 年的土地复垦来解释，但后者的原因尚不明晰。

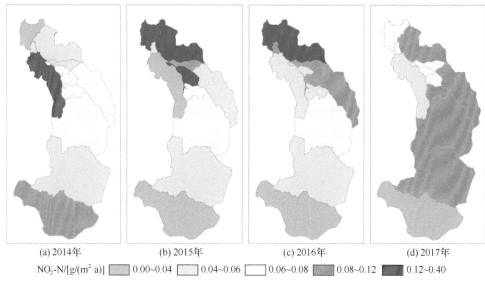

(a) 2014年　　　(b) 2015年　　　(c) 2016年　　　(d) 2017年

NO$_2^-$-N/[g/(m^2·a)]　▨ 0.00~0.04　▨ 0.04~0.06　□ 0.06~0.08　▨ 0.08~0.12　▨ 0.12~0.40

图 6-25　平桥河流域 NO$_2^-$-N 负荷量估算

4. NH$_4^+$-N 负荷量估算

与 NO$_2^-$-N 类似，作为含量较低的氮营养盐指标，2014～2017 年，平桥河流域 NH$_4^+$-N 负荷量分别为 0.15 g/(m^2·a)、0.41 g/(m^2·a)、0.28 g/(m^2·a) 和 0.19 g/(m^2·a)，四年平均值为 0.26 g/(m^2·a)。NH$_4^+$-N 负荷量的年际变化与 TN 和 NO$_3^-$-N 的负荷量相似，都在 2015 年达到峰值，然后在 2016 年明显下降，一方面是因为 2014 年与 2015 年规模较大的园地向水田和林地的转变，另一方面是因为 2015 年建成的乡村生活污水收集，这方面措施的影响在对 NO$_3^-$-N 负荷量分析时已有阐述。

从 NH$_4^+$-N 负荷量在各子流域间的分布情况也可以发现，其分布特征与 TN 和 NO$_3^-$-N 的相似度较高，而与 NO$_2^-$-N 的差异较大（图 6-24），总体也符合从上游到下游增加的规律，并且在下游城镇地区有聚集的高值出现，这与该地区较多的城镇生活和农业生产活动有关。另外，2017 年下游城镇区域的子流域的 NH$_4^+$-N 负荷量较 2016 年仍有明显的下降，结合此段时间内，该区域进行的由建设用地向水田的转变，可以认为，这种土地利用类型的变化有利于减少 NH$_4^+$-N 的流失。

5. TP 负荷量估算

2014～2017 年平桥河流域 TP 负荷量分别为 0.05 g/(m^2·a)、0.09 g/(m^2·a)、

0.17 g/(m²·a) 和 0.03 g/(m²·a)，四年平均值为 0.09 g/(m²·a)。估算得到的 TP 负荷量也与相近的研究区域的结果接近，相关文献中 TP 负荷量在 0.07～0.17 g/(m²·a)，其值与 TN 负荷量的比例基本在 1/17～1/14（聂小飞等，2013；宋林旭，2011；杨超杰等，2017）。本研究时段内平桥河流域的 TP 负荷量较低，其与 TN 负荷量的比例也较低，说明该区域中磷营养盐的污染程度较低，风险较小。

TP 负荷量的年际变化趋势与氮元素各种成分负荷量的年际变化有本质的区别，最大特征是在 2016 年出现明显高于其他年份的数值。结合 2016 年的气象水文条件，即 2016 年是四年中降水和径流最大年份的条件，同时参考文献中对磷营养盐流失机制的描述，即有大量的颗粒态磷会富集在土壤中，其迁移变化形式主要是黏附在土壤等颗粒物上并随之一起迁移（黄云凤等，2004；王森等，2013；杨胜天等，2006）。由此可知，2016 年的大量暴雨带来的山洪暴发和水土流失很可能是造成该年 TP 负荷量激增的主要驱动力。这种解释还可以在 2017 年的数据中得到印证，即 2017 年作为四年中最干旱的年份，其 TP 负荷量也最低，意味着有两个规律：第一，降水和径流较少，较难将土壤中的磷代谢入水体；第二，经过 2016 年强降水的冲刷和大径流的代谢，流域中土壤所含磷元素已经较少。因此，2017 年的 TP 负荷量相比 2014 年和 2015 年更低。

TP 负荷量的年际变化见图 6-26，就空间分布特征而言，2014 年、2015 年和 2017 年较为相近，即大致从上游到下游逐渐增加的趋势，而 2016 年有极大的不同。另外，2016 年中的特殊值即 TP 负荷量最小值的子流域为 U4，恰好是流域中唯一水库——平桥石坝水库所在子流域，可以很好地解释水库对磷流失的削减作用，包括稀释和沉积。水库对营养盐的削减作用在其他营养盐指标也有体现，如 2016 年的 TN 负荷量（图 6-22）、2015 年的 NO₃⁻-N 负荷量（图 6-23）、2016 年的 NO₂⁻-N 负荷量（图 6-25）、2014 年和 2016 年的 NH₄⁺-N 负荷量（图 6-24），2014 年的 TP 负荷量（图 6-26）以及 2016 年的 PO₄³⁻-P 负荷量（图 6-27），其中 2016 年的 TP 负荷量的削减作用最为明显（图 6-26）。

另外，2016 年处于最高值的区域，即下游镇区附近的子流域在 2017 年，TP 负荷量明显减少，这很可能与该区域在 2016～2017 年建设用地向水田的转变有关 [图 6-26（c）和（d）]。水田对 TP 负荷量的增减有双重效应，但根据 6.1.2 节中水田面积变化与 TP 流失相关性较弱，但同时存在水田面积增加较多时，对 TP 有一定的削减作用，这种现象也被类似的研究佐证（付伟章，2013；吴家林，2013；张继宗，2006）。

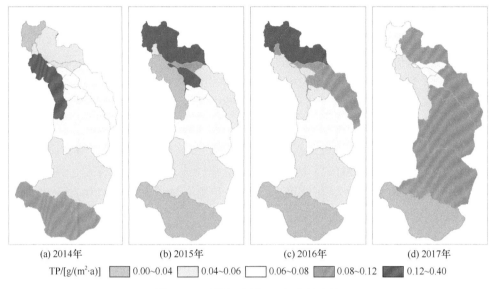

(a) 2014年　　(b) 2015年　　(c) 2016年　　(d) 2017年

TP/[g/(m²·a)] ▨ 0.00~0.04　▨ 0.04~0.06　□ 0.06~0.08　▨ 0.08~0.12　▨ 0.12~0.40

图 6-26　平桥河流域 TP 负荷量估算

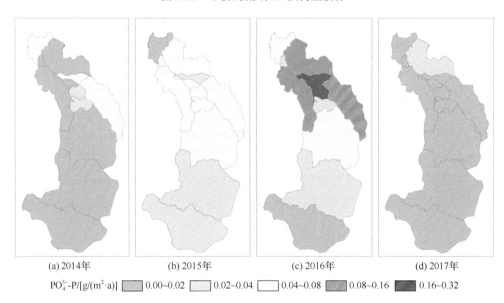

(a) 2014年　　(b) 2015年　　(c) 2016年　　(d) 2017年

PO₄³⁻-P/[g/(m²·a)] ▨ 0.00~0.02　▨ 0.02~0.04　□ 0.04~0.08　▨ 0.08~0.16　▨ 0.16~0.32

图 6-27　平桥河流域 PO₄³⁻-P 负荷量估算

6. PO₄³⁻-P 负荷量估算

与 TP 类似，PO₄³⁻-P 的负荷量也较低，2014～2017 年平桥河流域 PO₄³⁻-P 负荷量分别为 0.03 g/(m²·a)、0.05 g/(m²·a)、0.10 g/(m²·a) 和 0.01 g/(m²·a)，四年平均值

为 0.05 g/(m^2·a)。PO$_4^{3-}$-P 负荷量的年际变化规律也和 TP 类似，即 2014 年和 2015 年接近平均值，2016 年出现最高值，达到平均值的两倍，2017 年陡降并成为最低值。由此推测出，PO$_4^{3-}$-P 负荷量的变化规律也受降水和径流的强烈制约。

PO$_4^{3-}$-P 负荷量年际变化特征和数值规律的变化特点一致，空间分布上，在 2015 年和 2016 年从上游到下游的变化特征较为明显，但是 2014 年和 2017 年全流域基本处于低值状态 [图 6-27（a）～（c）]。在特殊值方面，2016 年位于流域中部的 D1、D2 和 D3 子流域的 PO$_4^{3-}$-P 负荷量最大。这些子流域中的水禽养殖活动较为丰富，有较多的磷排放，但禽类粪便中的磷元素的主要存在形式不是 PO$_4^{3-}$-P，这可能与磷元素经长年累积，富集存在于这些流域的土壤和河道底泥中，在 2016 年大暴雨和山洪的作用下被搅动起，代谢到河道水体中有关。

6.3　本 章 小 结

本章对比分析 SFWQM 流域水质模型基于自然和人类活动事件、特定土地利用类型和流域综合管理措施进行营养盐输出的情景模拟，并估算出研究区域各子流域营养盐负荷量，最终为流域治理提出建议。

第 7 章

基于 AnnAGNPS 的面源污染模型构建与调优

7.1　模型输入参数准备

AnnAGNPS 模型输入参数数量庞大，包括八大类、31 小类，500 多个，目前有 33 个参数未被利用。这些参数包括地形特征、土壤特征、土地利用状况、农田管理和水文气象数据等，被分别存储在 AnnAGNPS.inp 和 Climate.inp 两类文件中，通过这些参数可以描述流域特征及时空变化。本研究主要通过以下四种途径获取模型参数：通过野外实地调查，资料查询，并结合 ENVI 和 GIS 等专业软件获得研究区土壤、土地利用、气象和作物管理等参数；通过 AnnAGNPS-ArcView 交互界面，获得研究区地理信息；通过室内实验测定分析获得参数，如土壤水分及粒径组成等；不易获得或非必需的参数，通过参照相关文献或者采用模型默认数据获取。平桥河流域所需数据来源如表 7-1 所示。

表 7-1　AnnAGNPS 模型所需各类数据来源

参数类型	详细信息
气象参数	2014～2016 年日气象数据（最高温度、最低温度、暴雨类型、降水量、平均风速、风向、露点温度、太阳辐射值等）
地形参数	从研究区 DEM 获取（25 m×25 m）
土壤数据	第二次土壤普查数据，参考《江苏省溧阳县土壤志》及野外采样
土地利用数据	2015 年高分 1 号卫星影像（分辨率 8 m×8 m）解译获得
水质参数	2014～2016 年水质实测数据（TN、TP 等），每周一次
作物参数	实地调查，《溧阳统计年鉴》及 AnnAGNPS 模型参考手册
田间参数	实地调查作物管理措施、化肥农药施用类型、用量及模型参考农药数据等

7.1.1　空间参数

1. DEM 数据处理

平桥河流域 DEM 是依照地形图进行矢量化，并用双线内插方法（Wu et al.，2005）生成的，其分辨率为 25 m×25 m，并将生成的 DEM 转化成模型特定格式，然后输入 AnnAGNPS-ArcView 交互界面，运行地形参数模块（TopAGNPS）自动划分平桥河流域集水单元（cell）和沟道（reach），其集水单元和沟道数据是通过定义最小沟道长度（minimum source channel length，MSCL）和临界源面积（critical source area，CSA）来反映的。本研究中，依据平桥河流域实际地表特征，为尽可能使划分的单元具有相同的地形、植被覆盖和土地利用等特征，反映实际的地表特征，最终确定 CSA=5 hm^2，MSCL=50 m，将平桥河流域划分为 447 个集水单元和 190 个沟道，能够较好地反映平桥河流域地理环境的集水单元。如图 7-1 所示。

图 7-1 平桥河流域集水单元（cell）划分

2. 土地利用图

为确保土地利用数据的精确，本书先通过 ENVI5.1 目视解译 2015 年高分 1 号卫星遥感卫片，并通过多次实地调查对解译数据进行修正，最终完成平桥河流域土地利用现状图。参考国家土地利用分类体系，并结合该流域自身特点，将平桥河流域土地利用分为林地、耕地、茶园、建设用地、水体和裸地六大类。

3. 气象站图

平桥河流域面积较小，不存在空间分异，因此使用地理信息系统软件 ArcGIS10.1 在流域边界外新建多边形文件，作为气象站图。

4. 土壤类型图

平桥河流域面积小，土壤类型少，分为黄棕壤（黄沙土）、粗骨土和水稻土（淀沙土）3 种土种，主要通过《江苏省溧阳县土壤志》、实地调查和查阅资料等获得，并通过地理信息系统软件 ArcGIS10.1 将其进行数字化，最后在 AnnAGNPS-ArcView 交互界面里将数字化后的土壤图与前面基于 DEM 划分的单元图进行叠置，形成研究区土壤类型图。

7.1.2　属性参数

1. 气象数据

气象数据是 AnnAGNPS 模型的重要部分，其准确度直接影响模型输出结果的精度。本研究采用模型自带的输入编辑器，进行逐日数据的输入和模型文件的构建方式完成气象文件 Climate.inp 的生成，其中主要包括最高温度、最低温度、降水量、露点温度、平均风速、风向、太阳辐射值和暴雨类型等数据。其中大量气象数据来源于溧阳市气象站点 2014~2016 年的日实测数据，可以通过中国气象数据网（http://data.cma.cn）下载得到，如最高温度、最低温度、降水量、平均风速和风向等。此外，露点温度主要借鉴我国自动气象站计算使用的经验公式换算得到（李艳萍和张建华，2009），并将其计算结果与湿度查算表对比，结果基本一致。太阳辐射值主要采用曹雯和申双和（2008）建立的日总辐射估算模型计算求得。暴雨类型主要结合研究区气象站暴雨数据统计进行确定。气象数据输入界面如图 7-2 所示。

2. 土壤属性参数

土壤的理化性质直接关系到土壤中的氮磷营养盐迁移、地表径流形成和泥沙输出等过程。AnnAGNPS 模型主要需要土壤物理和化学属性数据，其中土壤物理属性包括土壤质地、反射率、饱和导水率、不透水层厚度、田间持水量、凋萎系数、土壤可侵蚀因子 K 值、土壤水文组类别和土壤机械组成等数据；土壤化学属性包括各土层 $CaCO_3$、有机质、有机氮、无机氮、有机磷、无机磷含量及 pH 等。土壤理化性质主要来源于《江苏省溧阳县土壤志》中的数据。其中饱和导水率、田间持水量、凋萎系数、饱和度及土壤容重等采用 SPAW（soil-plant-atmosphere-water）模型计算求得；土壤侵蚀因子 K 值的计算采用 Williams 和 Berndt（1972）提出的相关公式计算求得；我国现有的土壤颗粒组成为苏联制，而 AnnAGNPS 模型要求为国际制，本研究采用最为普遍的三次样条插值的方法（朱秋潮和范浩定，1999）完成了苏联制到国际制粒级分类的转换；土壤水文组类别划分主要依

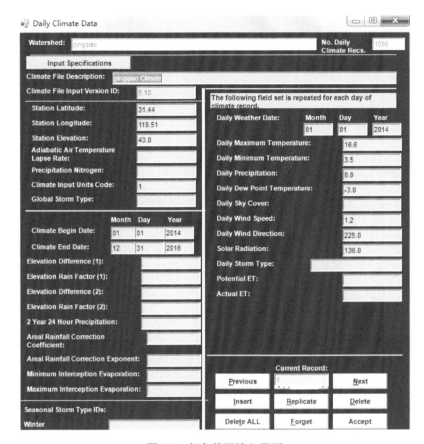

图 7-2 气象数据输入界面

据 RUSLE（Renard et al.，1991）手册、实地调查以及查阅相关研究文献，平桥河流域主要为 B 和 C 两类土壤水文组。

3. 作物参数

作物参数对氮磷营养盐流失有很大影响，平桥河流域一年内农作物以水稻和油菜为主。由于模拟需要，本书将水稻和油菜的生长统一分四个时期：分蘖期、拔节期、齐穗期和成熟期；田间管理进程按照作物生长顺序依次分为播种、施肥、除草、收割和翻地等几个阶段（表 7-2）；施用的肥料主要为复合肥、尿素和碳酸氢铵等常见化肥，其施用率和施用时间主要通过实地调查走访获取。其他参数（如作物氮磷吸收率、作物残留物分解等）主要参考模型自带数据（Crop.xls 文件）、调查数据和相关研究获得。

表 7-2　平桥河流域典型作物管理措施

日期	水稻	日期	油菜
5 月 22 日	播种	11 月 5 日	播种
6 月 12 日	施肥	12 月 10 日	施肥
7 月 10 日	施肥	2 月 5 日	施肥
8 月 12 日	施肥	3 月 10 日	施肥
8 月 25 日	除草	4 月 10 日	施肥
9 月 28 日	施肥	5 月 10 日	收割
10 月 18 日	收割	5 月 20 日	翻地
10 月 30 日	翻地		

4. 其他参数

对一些不易确定的参数，模型也提供典型值或默认值。其中径流曲线数 CN 值主要取决于土地利用、土壤及每日土壤水分和作物等实际情况，本书主要参考 AnnAGNPS 模型自带的径流曲线数参考资料 TR_55（Bingner et al.，2003）以及与研究区相关 CN 值研究成果，确定研究区各类土地利用类型的 CN 值，其结果如表 7-3 所示。

表 7-3　平桥河流域初始 CN 值查算表

土地利用类型	土壤水文组	
	B	C
林地	76	81
茶园	80	83
耕地	72	81
建设用地	95	97
裸地	89	94

7.2　参数敏感性分析

AnnAGNPS 模型需要输入的参数过多，且模型具有一定的空间变异特性，想要精确每个参数值几乎不可能，因此本书参考相关文献（表 7-4），并结合平桥河流域自身的特点，选取一些相对重要的参数进行敏感性分析。

表 7-4　不同流域的敏感性参数　　　　　　　（单位：km²）

流域	面积	径流参数	氮磷营养盐参数
吴村流域 （Luo et al.，2015）	1.81	CN	CN、化肥施用量、肥料深度、冠层覆盖、根生物量
四岭水库小流域 （边金云等，2012）	44.10	CN、田间持水量	CN、LS、化肥施用量、耕作与管理因子
中田河流域 （席庆等，2014）	47.85	CN	CN、K、LS、冠层覆盖、化肥施用量、地表随机糙率、根生物量
黑河流域 （李家科等，2008）	1481.00	CN、土壤有效含水量	CN、氮磷衰减系数、化肥施用量、土壤中氮磷本底值、河道曼宁（MN）系数
小江流域 （高银超等，2012）	5244.00	CN	CN、化肥施用量、土壤中氮的本底值、河道 MN 系数
大沽河流域 （邹桂红等，2008）	7511.50	CN	CN、氮的衰减系数、河道 MN 系数、化肥施用量、土壤中氮的本底值

本书主要选取 7 个可能对模型径流和氮磷污染物输出结果有重大影响的参数（表 7-5）。以初始状态下模型的模拟结果作为径流和氮磷负荷量的基准值，所选参数以 10% 作为变化步长，在基准值上按照-30%、-20%、-10%、10%、20% 和 30% 进行改变，依次输入模型，从而对模型参数进行敏感性评价。

表 7-5　AnnAGNPS 模型的敏感性参数

敏感性参数	描述	参数范围	实际取值范围	单位
CN	SCS 曲线	30～100	79～94	—
FC	田间持水量	凋萎点[-1]	0.189～0.372	—
FER	化肥施用量	0.0～56000	20～275	kg/hm²
LS	坡长	0.0001～100	0.029～0.425	m
CCC	冠层覆盖	0～1	0～1	%
CRM	根生物量	0～112000	0～1344	kg/hm²
K	土壤可蚀性因子	0～0.1317	0.04	(t·hm²·h) / (hm²·MJ·mm)

由图 7-3 可知，CN 对径流的影响最显著，呈正相关关系。其他参数对径流的影响较弱。

由图 7-4～图 7-6 可知，FER、LS、CN 与 TN 输出量呈显著正相关关系，其中 TN 输出量受 FER 的影响最大，施肥量越大，TN 流失量越多。CCC、CRM、FC 均与 TN 输出量呈负相关关系，其中受 CCC 的影响较大，随着 CCC 的增加，降雨截流作用增强，总氮流失量随之减少；受 CRM 的影响次之，随着 CRM 的增加，

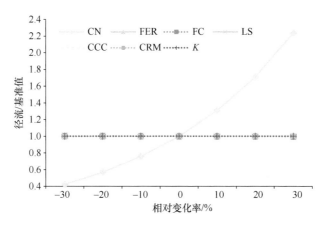

图 7-3　各参数变化对径流的影响

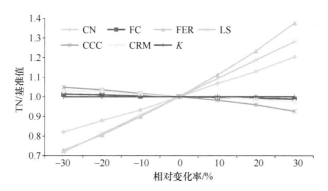

图 7-4　各参数变化对 TN 的影响

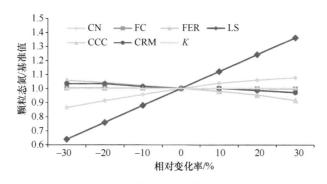

图 7-5　各参数变化对颗粒态氮的影响

对土壤中 TN 的固定作用增强，从而减少 TN 流失量。LS、CN 与颗粒态氮输出量呈显著正相关关系，其中受 LS 影响最大，坡度越大，降雨越容易产生地表径流，并伴随着颗粒态氮进入水体，从而增加颗粒态氮输出量；CCC、CRM 均与颗粒态氮输出量呈负相关关系。CN 和 FER 均与溶解态氮输出量呈正相关关系，其中受 CN 的影响最大。

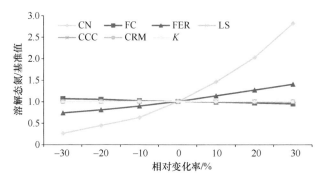

图 7-6　各参数变化对溶解态氮的影响

由图 7-7～图 7-9 可知，FER、LS、CN 与 TP、颗粒态磷和溶解态磷输出量均呈显著正相关关系，均受 FER 的影响最大，当 FER 增大 30%时，TP、颗粒态磷和溶解态磷与基准值之比依次为 1.40、1.39 和 1.43；CCC、CRM 均与 TP、颗粒态磷和溶解态磷输出量呈负相关关系，但影响不大。FC 和 K 对磷营养盐流失几乎没有影响。

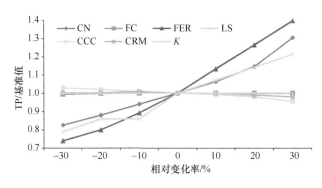

图 7-7　各参数变化对 TP 的影响

通过摩尔斯分类筛选法，得到本研究选取的各参数敏感性结果（表 7-6），由此可知，径流对 CN 最敏感，其 S 值高达 3.02，其次为 FC，而其他参数对径流输出的敏感性较差。氮磷营养盐整体对 CN、FER 和 LS 较敏感。具体来说，TN 对 FER 最敏感，S 值为 1.08，其次为 LS 和 CN，其 S 值分别为 0.94 和 0.64。颗粒态

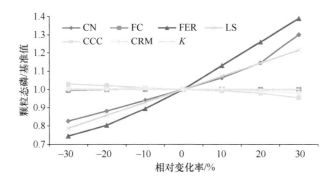

图 7-8　各参数变化对颗粒态磷的影响

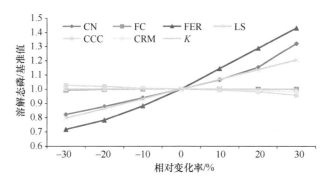

图 7-9　各参数变化对溶解态磷的影响

氮对 LS 最敏感，S 值为 1.20，其次为 CN。溶解态氮对 CN 最敏感，S 值高达 4.26，其次为 FER，S 值为 1.11。TP、颗粒态磷和溶解态磷均对 FER 最敏感，S 值分别为 1.09、1.07 和 1.19；CN 次之，S 值分别为 0.80、0.79 和 0.83；再次为 LS，S 值分别为 0.71、0.71 和 0.68。

表 7-6　参数敏感性结果

参数	径流	TN	颗粒态氮	溶解态氮	TP	颗粒态磷	溶解态磷
CN	3.02	0.64	0.35	4.26	0.80	0.79	0.83
FC	−0.01	−0.04	−0.01	−0.21	0	0.01	0.01
FER	0	1.08	0	1.11	1.09	1.07	1.19
LS	0	0.94	1.20	0	0.71	0.71	0.68
CCC	0	−0.20	−0.24	−0.03	−0.12	−0.13	−0.12
CRM	0	−0.09	−0.11	0	−0.04	−0.04	−0.03
K	0	0	0	0	0	0	0

7.3 模型校准和验证

在对 AnnAGNPS 模型敏感性参数确定的基础上,进一步对模型进行校准和验证。校准主要是通过合理地调整模型参数,使得模拟值与实测值不断接近,最终使得模拟结果与实测值的误差达到可以接受的范围(邹桂红和崔建勇,2007),本书主要采用人工试错法完成模型校准(程晓光等,2013)。验证主要是将校准后的模型用于验证期的模拟,将输出的模拟值和实测值进行对比,从而有效验证模型在研究区的适用性。由于径流影响泥沙和氮磷营养盐的输出,泥沙输出影响颗粒态氮磷营养盐的输出,因此模型的参数校准应按一定顺序进行,首先对径流进行校准验证,其次对泥沙进行校准验证,最后对氮磷营养盐进行校准验证(李家科等,2008)。本书主要采用相对误差 RE、决定系数 R^2 和纳什效率系数 E_{ns} 对 AnnAGNPS 模型进行模拟效率评估,RE 均保持在 20%以内,R^2 大于 0.6,E_{ns} 大于 0.5(Bingner et al.,1992)。

7.3.1 径流的校准和验证

本书基于 2014~2016 年在平桥河流域出口处每月 4~5 次的径流实测数据,对平桥河流域的径流分别按照年尺度、月尺度和日尺度对 AnnAGNPS 模型进行校准和验证。由于本研究实测径流数据时间较短,因此选取 2015 年平桥河流域土地利用图层作为模型输入数据。

从年尺度来看,实测径流与模拟径流 RE 为–7.8%,说明年内实测径流与模拟径流基本平衡。从月尺度来看,本书采用 2014~2015 年月总径流对模型进行校准,得到 RE 为 10.4%,R^2 为 0.987,E_{ns} 为 0.986;采用 2016 年月总径流对模型进行验证,得到 RE 为–0.6%,R^2 为 0.973,E_{ns} 为 0.804。由此可知,模型在校准期和验证期的月总径流评价指标均满足要求。从图 7-10 可以看出,模拟的月总径流与实测值吻合较好,并且与降水趋势保持一致,由此得出该模型能较好地反映月总径流的变化规律。

从日尺度来看,本书主要参照中国侵蚀性降雨标准(谢云等,2000),选取降水量大于或等于 12 mm 的日实测径流对模型进行校准与验证。校准期为 2014~2015 年,RE 为 13.7%,R^2 为 0.942,E_{ns} 为 0.931;验证期为 2016 年,RE 为 4.5%,R^2 为 0.969,E_{ns} 为 0.733。从图 7-11 可以看出,日模拟径流与日实测径流基本吻合,校准期的模拟效果略好于验证期,总体上模型具有较好的模拟效果。

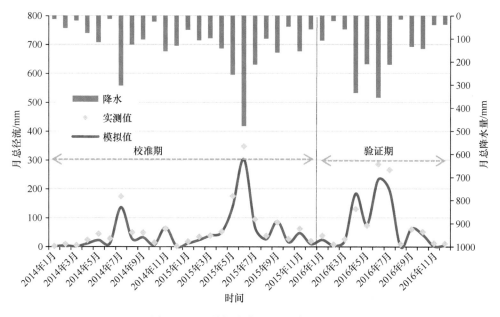

图 7-10 月总径流实测值与模拟值对比

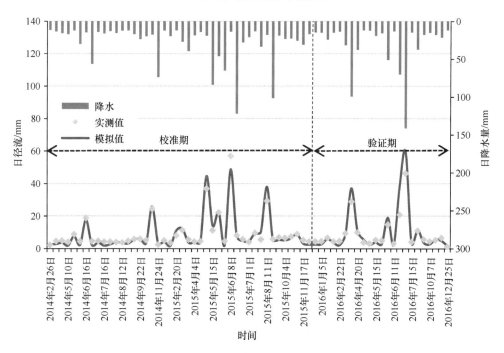

图 7-11 日径流实测值与模拟值对比

综合以上分别从月尺度和日尺度对平桥河流域径流进行校准和验证，由图7-12可知，经过校准后的模型能较好地模拟出平桥河流域的径流输出，这说明该模型适用于本研究区的径流模拟。

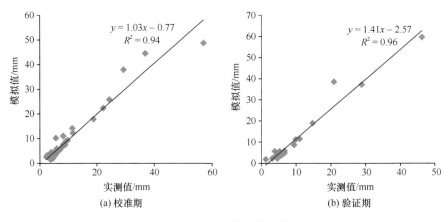

$$y = 1.03x - 0.77$$
$$R^2 = 0.94$$

$$y = 1.41x - 2.57$$
$$R^2 = 0.96$$

(a) 校准期　　　　　　　　　　(b) 验证期

图 7-12　日径流实测值与模拟值拟合图

7.3.2　氮磷营养盐的校准和验证

本研究选取 2014 年 1 月～2015 年 12 月作为氮磷营养盐校准期，2016 年 1～12 月作为氮磷营养盐验证期。由表 7-7 和图 7-13 小于可知，TN 在校准期 RE 大于 30%，R^2 和 E_{ns} 在校准期均大于 0.8；在验证期 RE 小于 30%，R^2 与 E_{ns} 均大于 0.6，由此可知模型对 TN 的模拟效果较好。

表 7-7　2014～2016 年 TN 实测值与模拟值对比

项目	时间	TN				
		实测值/kg	模拟值/kg	RE/%	R^2	E_{ns}
校准期	2014 年 1～12 月	30830.277	16903.828	39.6	0.932	0.88
	2015 年 1～12 月	69944.234	52411.000			
验证期	2016 年 1～12 月	54928.073	66222.763	−5.9	0.871	0.628

由表 7-8 和图 7-14 可知，TP 在校准期和验证期 RE 均小于 30%，R^2 和 E_{ns} 分别大于 0.8 和 0.6，模拟值与实测值基本吻合，由此说明模型对 TP 的模拟效果较好，TN 的模拟效果略优于 TP。

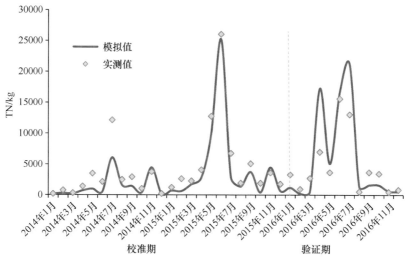

图 7-13　TN 各月实测值与模拟值对比

表 7-8　2014～2016 年 TP 实测值与模拟值对比

项目	时间	TP				
		实测值/kg	模拟值/kg	RE/%	R^2	E_{ns}
校准期	2014 年 1 月～12 月	1025.629	743.697	22.3	0.789	0.652
	2015 年 1 月～12 月	2352.637	2163.215			
验证期	2016 年 1 月～12 月	2445.703	2577.175	20.3	0.707	0.615

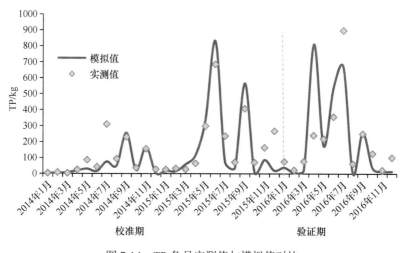

图 7-14　TP 各月实测值与模拟值对比

对比 AnnAGNPS 模型对径流和氮磷营养盐的模拟结果可以得出，模型对径流的模拟精度相对较高，拟合效果最好，其次是对氮营养盐的模拟，最后是对磷营养盐的模拟。由于模型校准和验证具有一定的顺序，因此最早进行校准与验证的径流受到的影响相对较小，而氮磷营养盐在校准和验证过程中会受到径流在校准和验证过程中产生的误差的影响，从而导致模型对氮磷营养盐的模拟误差大于径流（高菲等，2009）。其结果与国内外相关研究结果相同（Shamshad et al.，2008；黄金良等，2005），这进一步说明该模型适用于平桥河流域的模拟研究。

7.4 本 章 小 结

本章基于 AnnAGNPS 交互界面、编辑器完成地形、土壤、土地利用、气象和作物等参数的输入，将实测的流量和水质浓度用于模型的校准与验证，从而完成 AnnAGNPS 模型的构建与调优。

第 8 章

基于 AnnAGNPS 的面源污染模拟与防治对策

8.1 氮磷营养盐时间分布

将构建的 AnnAGNPS 模型用于平桥河流域 2014～2016 年的模拟，对氮磷营养盐输出负荷进行估算，并对其时空分布特征进行分析。由参数敏感性分析可知，径流和化肥施用量对氮磷营养盐负荷的输出具有较大影响，且降雨及其产生的径流是氮磷营养盐负荷输出的主要原因与动力（章文波等，2002），其中颗粒态氮磷元素主要以土壤侵蚀过程为输送载体，其产出负荷量也受氮磷元素在土壤颗粒中的富集比例影响（杨胜天等，2006）。因此分析氮磷营养盐负荷量输出变化规律时应综合考虑降水量、径流以及化肥施用量的影响。通过模拟月总径流与月总降水量的变化折线图（图 8-1），可知月总径流和月总降水量变化趋势一致，呈显著正相关关系，月总降水量越多，产生的月总径流越高。同时具有明显的季节性变化特征，月总降水量和月总径流的最大值均出现在丰水期，最小值都出现在枯水期。

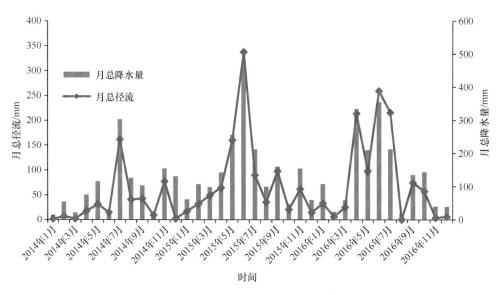

图 8-1　月总径流与月总降水量的关系

基于模拟结果，2014～2016 年 TN 负荷输出量为 45179.20 kg/a，其中颗粒态氮占 84.2%。从时间分布上来看（图 8-2），平桥河流域月 TN 负荷量和颗粒态氮负荷量均与降水量变化保持高度一致性，呈显著正相关关系。同时，具有明显的季节性变化特点。在丰水期（4～7 月），TN 和颗粒态氮输出量较大，最大值出现在 6～7 月，主要是由于丰水期正值平桥河流域的梅雨季节，降水量多且降雨强度大，产生大量径流，在此期间还伴随着小麦的追肥、收割和翻地及水稻的播种、生长期的追肥等，因此大量 TN 和颗粒态氮在雨水的冲刷与淋溶作用下，随径流进入水体，造成氮营养盐污染。在降水量较小的平水期和枯水期（1～3 月和 8～12 月），TN 输出量也较小，且溶解态氮负荷量相比颗粒态氮负荷量略高。主要是由于颗粒态氮随泥沙流失，溶解态氮随径流流失，在降雨较少、农业活动相对减少的情况下，降雨产生的径流对泥沙的冲刷和淋溶作用很小，因此颗粒态氮不容易流失进入水体，而溶解态氮伴随着平水期和枯水期少量降雨产生的壤中流产生负荷进入水体。

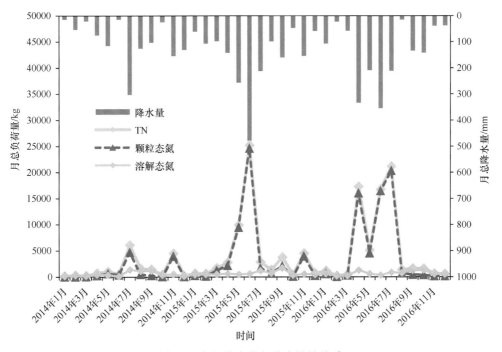

图 8-2　氮污染负荷与降水量的关系

由于磷营养盐具有以下生物化学性质：一方面磷的化学性质没有氮活泼，另一方面在天然环境中，植物和微生物对磷营养盐具有较强的吸收作用。因此磷营养盐负荷输出量显著少于氮营养盐，年均总磷输出量为 1797.23 kg，其中颗粒态磷占 81.2%，远高于溶解态磷含量。从时间分布上来看（图 8-3），平桥河流域 TP 和颗粒态磷均与降水量呈现显著的正相关关系，降水量越大，负荷量越高，并且呈现显著的季节性变化特征。TP 和颗粒态磷的输出集中在丰水期；在降水量较小的平水期和枯水期 TP 的输出也相对较少，主要输出形式为溶解态磷。

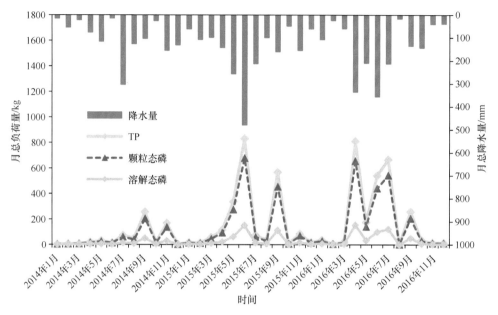

图 8-3 磷污染负荷与降水量的关系

8.2 氮磷营养盐空间分布

由平桥河流域单位面积 TN、颗粒态氮和溶解态氮污染负荷量的空间分布情况（图 8-4）可知，TN、颗粒态氮和溶解态氮污染负荷量输出均呈现出从上游向下游依次增加的趋势。由于研究区内大量耕地和居民建设用地集中在流域下游，上中游主要为林地，因此在下游单位面积 TN、溶解态氮和颗粒态氮污染负荷量相对较高，由此表明空间尺度上氮污染负荷量对土地利用类型变化较敏感。

由平桥河流域单位面积 TP、颗粒态磷和溶解态磷污染负荷量的空间分布情况（图 8-5）可知，TP、颗粒态磷和溶解态磷的污染负荷量输出与氮污染负荷量空间分布特征一致，其污染负荷集中在下游。与氮污染负荷量输出相比，研究区磷污染负荷量流失较少。

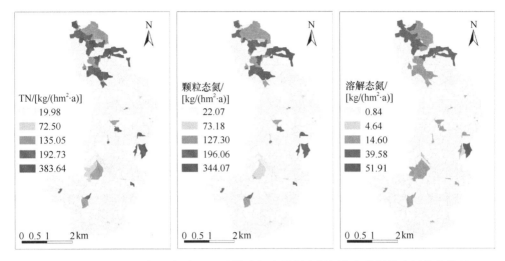

图 8-4　2014～2016 年研究区 TN、颗粒态氮和溶解态氮污染负荷量的空间分布情况

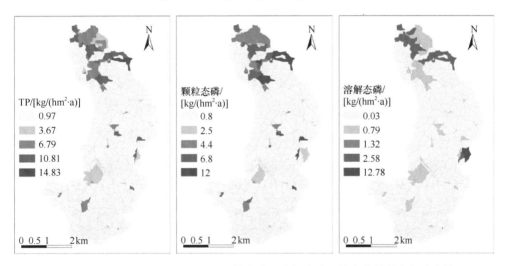

图 8-5　2014～2016 年研究区 TP、颗粒态磷和溶解态磷污染负荷量的空间分布情况

因此，平桥河流域单位面积氮磷污染负荷量的空间分布均呈现从上游向下游依次增加的趋势。氮磷污染负荷量的输出在空间分布上具有一定的相似性，氮污染负荷流失量较多的地区磷污染负荷流失量也较多，氮污染负荷流失量较少的地区磷污染负荷流失量也较少。由于平桥河流域营养盐流失形态主要为颗粒态，而颗粒态营养盐往往附着在泥沙上，随着泥沙的迁移而迁移，同时氮磷污染负荷流失的相似性说明该研究区属于典型的农业面源污染。

为进一步分析平桥河流域土地利用类型与氮磷污染负荷量的关系，本书对不同土地利用类型的氮磷污染负荷年均输出量进行统计得出：氮磷污染负荷量集中在耕地上，贡献率高达95.6%，其主要原因是耕地常年种植农作物，人为因素对土地的扰动较大，抗蚀性较低，因而在降雨情况下对地表的冲刷和淋溶更严重，使得更多的氮磷污染负荷随径流进入水体。此外，相比林地，农作物覆盖度较低，其作物冠层对雨水的截流作用和固土作用都较小，从而导致氮磷污染负荷容易随泥沙和径流进入水体。茶园的氮磷污染负荷次之，在平桥河流域，茶园集中分布在下游，少量分布在上游，绝大部分茶园种植在坡地上，虽然植被覆盖度相比耕地较高，但当地居民为提高茶叶产量，每年在秋季和春季对茶园施用化肥或农家肥，在降雨作用下，易发生土壤侵蚀，从而导致氮磷污染负荷进入水体。建设用地的氮磷污染负荷量相对较低，主要来源于生活污水和畜禽养殖。氮污染负荷流失量最小的是裸地，在平桥河流域，裸地属于未利用地，地表植被覆盖度低，受降雨和径流侵蚀影响大，但是裸地仅占流域面积的0.6%，因此氮污染负荷的输出量最低。磷污染负荷流失量最小的是林地，在平桥河流域，尽管土地利用类型面积最大的是林地，但是由实地调查可知，首先，当地居民并没有对林地进行施肥，林地土壤表层的磷含量很低；其次，林地植被覆盖度较高，冠层对雨水有较好的截流效果，能有效减少降雨对地表的冲刷和淋溶，减少径流的产生；最后，林地植被根系对磷营养盐还能起到一定的吸收作用，从而降低磷污染负荷流失量。

不同土地利用类型不仅使氮磷污染负荷流失量存在差异，还对氮磷污染负荷流失形态造成一定的影响。茶园、林地和建设用地氮污染负荷的主要输出形态为溶解态氮，均占各土地利用类型氮污染负荷流失总量的94.6%以上；耕地的氮污染负荷以颗粒态氮输出为主，其占耕地氮污染负荷流失总量的84.5%。耕地、裸地和茶园磷污染负荷的主要输出形态为颗粒态磷，依次约占各土地利用类型磷污染负荷流失总量的69.2%、99.6%和100%，建设用地磷污染负荷主要输出形态为溶解态磷。综上，土地利用类型对氮磷污染负荷分布影响非常显著。

8.3 氮磷营养盐削减情景模拟

AnnAGNPS 模型模拟结果显示，在平桥河流域农业面源污染主要来源于耕地和茶园，氮磷污染负荷量的贡献高达 95.6%。据调查，当地居民为增加农作物和茶园的产量，经常采取一系列不恰当的管理措施（如大量施肥和不恰当施肥）对耕地和茶园进行处理，从而获取更多的收益。因此想要有效防治氮磷污染就必须先从耕地和茶园种植管理着手，只有对耕地和茶园进行合理管理，才能有效削减氮磷污染负荷的输出，有效改善水库水源地源头水质状况。因此，对该流域耕地和茶园进行 3 种方案的情景模拟：方案一为不施肥；方案二为改变施肥方式，只进行一次底肥，不再进行追肥；方案三为将施肥量减少为原来的 50%。利用已校准好的模型，对三种方案进行模拟，其结果见表 8-1。

表 8-1　三种方案下氮磷的模拟结果

营养盐	现状/kg	方案一		方案二		方案三	
		模拟值/kg	变化量/%	模拟值/kg	变化量/%	模拟值/kg	变化量/%
TN	45179.20	689.40	98.47	7628.71	83.11	26594.35	41.14
颗粒态氮	37957.80	619.62	98.37	7332.17	80.68	22112.32	41.74
溶解态氮	7221.40	69.78	99.03	296.54	95.89	4482.03	37.93
TP	1828.03	156.13	91.46	244.37	86.63	1060.37	41.99
颗粒态磷	1483.95	146.14	90.15	216.74	85.39	869.56	41.40
溶解态磷	344.08	9.99	97.10	27.63	91.97	190.82	44.54

由表 8-1 可知，变化量最大的为方案一，当无任何施肥的时候，氮磷污染负荷输出量显著低于其他方案，削减效果显著，均达到 90%以上，其中溶解态氮削减量最多。方案二次之，仅施一次底肥，不进行追肥，其对氮磷污染负荷量也起到较好的削减效果，均达到 80%以上。方案三相比前两种方案削减效果较差，但也起到一定的削减作用，均达到 35%以上。由此可知，平桥河流域氮磷污染负荷主要来源于施肥，少量来源于土壤氮磷库。因此针对流域内氮磷污染负荷输出特征，主要通过减少施肥量有效控制流域内氮磷负荷输出；此外采取一定的水土保持措施，减少人为因素对土地的扰动，减少土壤氮磷库污染负荷输出。

8.4　流域管理建议

根据平桥河流域的水源地保护规划和现状，结合两个流域已经开展的和正在进行的流域综合治理措施，并利用本研究得到的 SFWQM 实现的对各种管理措施的情景模拟结果，本研究试图因地制宜地为水源地小流域综合管理提出科学的建议。建议具体包括工程治理措施和流域土地利用综合整治两方面，对土地利用的综合整治又包括对特定的土地利用类型的调整，以及对流域景观和用地结构的优化两方面。

8.4.1　情景模拟的营养盐管理启示

通过对平桥河流域营养盐模拟可知，枯水期和平水期以氮污染为主，受流量减小、流速缓慢导致的营养盐富集的影响加大，同时受茶园等大量施肥导致的农业面源污染的影响；丰水期受氮和磷综合污染，主要受水稻种植等农业活动和大量降雨径流导致的面源污染的影响。中上游丘陵河谷区水质主要受氮和磷的污染控制，主要受茶园种植等农业活动导致的面源污染影响；下游紧邻平桥社区的平原区水质主要受氮和磷的污染控制，受居民大量生活污水排放和农业生产化肥施用的影响；下游暗沟出口区水质以氮污染为主，受到生活污水、农业生产和畜禽养殖的影响。同时，基于对氮磷营养盐参数敏感性分析、氮磷营养盐时空分析及削减情景模拟，在径流一定的情况下，氮磷营养盐主要受化肥施用量和坡度的影响，此外还受到冠层覆盖和土壤营养盐库等影响。因此，可在源头和扩散途中对平桥河流域氮磷污染负荷量进行有效控制。

在源头主要从施肥和耕作两方面进行控制。对于施肥，主要从施肥量和施肥时间上进行控制，在施肥量上，应合理施肥，多选用有机肥，可以提高肥料利用率，既能改良土壤，又能从源头有效减少氮磷污染负荷量；在施肥时间上，建议当地居民提前关注天气预报，在降雨期间不进行施肥，同时应避免施肥不久便出现连续降雨或暴雨的情况。对于耕作，由于免耕和少耕能有效减缓氮磷污染负荷的输出，同时在坡度较大的坡地进行耕作时，容易造成水土流失，并且伴随大量的氮磷污染负荷产出。因此，在15°以上的坡地进行退耕还林，可以种植一些保土保水效果好的植被。

在扩散途中，一方面可以在坡脚地带（如耕地和茶园等）建立生态缓冲带，从而实现对氮磷污染负荷的有效截留、吸收和转化；另一方面在小流域出口处布设塘坝或湿地，从而有效沉淀、吸收和降解氮磷污染负荷。此外，当地居民应减少对畜禽的养殖，避免在水体中饲养畜禽及畜禽废渣直接排入水中，可将畜禽产生的废渣合理利用（如还田和制造有机肥等），实现清洁养殖。提高居民环保意识，不随意将生活污水排入河中，一方面通过建设的生态户厕进行处理，另一方面通过铺设的管网将生活污水排放到天目湖镇污水处理厂集中处理，争取达到生活污水零排放。

8.4.2 现有治理措施和治理效果

平桥河流域位于沙河水库的上游,是天目湖水源地保护区的重要组成部分,其中平桥河流域的上中游被划定为水源地保护的核心区,禁止高强度的开发。自 2014 年以来,流域开展了水环境综合治理,涵盖了氮磷营养盐从产生到输出的全过程,包括源头控制、迁移过程控制和输出控制。基于此,具体的治理措施包括以下六大类:垃圾收集、生活污水处理、水源涵养、草地缓冲带、河道治理和湿地建设(图 8-6)。

(a) 垃圾收集　　　　　(b) 生活污水处理　　　　　(c) 水源涵养

(d) 草地缓冲带　　　　　(e) 河道治理　　　　　(f) 湿地建设

图 8-6　平桥河流域主要治理措施

通过应用 SFWQM,本研究对平桥河流域所开展生活污水处理、河道治理和湿地建设的情景分别进行了模拟(详见 6.1.3 节),结果显示三项治理措施都对六类营养盐指标有明显的削减作用,削减幅度都在 4%~6%。综合考虑三项治理措施的效用,其对营养盐的削减作用可以达到 15%左右。结合 6.2 节中对平桥河流域氮磷营养盐负荷量的计算结果,在同时有工程措施和土地利用改善的条件下,各种营养盐负荷量的平均减少幅度为 24%。由于部分工程措施对营养盐削减的效果与土地利用改善的效果重合,因此很难排除土地利用变化对水质改善的影响,从而单独研究工程治理措施对营养盐的削减作用,就本研究的实际情况来估计,两方面的作用基本各占一半,即包含源头控制、污染物迁移过程控制和输出控制三个环节的工程措施能削减 12%的营养盐排放。作为饮用水水源地的上游小流域，平桥河流域的水质明显优于大量相关研究中的河流中下游流域，因此，这些工程措施在平桥河流域的作用效果较有限（李兆富等，2012；杨波，2018），这也进一步说明要想更好地改善水质，优化土地利用结构和景观布局会有更大作用。

8.4.3　土地利用变化的水质效应及管理建议

自 2012 年以来，为实现"美丽中国建设"目标，生态文明建设在全国范围内展开，随着 2017 年后的乡村振兴战略计划的实施，生态文明建设进程加快。这些政策对土地利用变化，特别是农村地区的土地利用变化具有根本性影响。

通常情况下，对本研究涉及的八大类土地利用类型的水质效应基本按照氮磷营养盐的源和汇来划分，大体呈现以下情况。

（1）裸地。裸地有其特殊性，就研究区的实际情况而言，由耕地和建设用地转化来的裸地，在短期内还属于源的状态，长期被弃的荒地、废弃矿山和裸岩等处于中性或者汇的状态（Issaka and Ashraf，2017；Renard et al.，1991）。

（2）旱地。旱地在各个季节基本是营养盐的源，尤其是收获和播种的间歇期由于没有植被，其释放营养盐的速率更快（Hu et al.，2018；李恒鹏等，2004）。

（3）林地。林地基本属于典型的营养盐的汇，对减少营养盐流失有较好的作用，尤其是常绿林，不少林地还扮演林草缓冲带的角色（Jiang et al.，2019；高常军，2013；李国砚等，2008）。

（4）草地。与林地类似，草地是营养盐的汇，且对减少营养盐流失效果更好，草地也常扮演林草缓冲带的角色，并且对临水的草地而言，在丰水期不少会演化成湿地，对氮磷的削减作用更加明显（秦立，2019；王学等，2013）。

（5）水田。水田对氮磷营养盐的产出和削减作用都是存在的，具有双重性，就季节而言，施肥和灌溉活动最频繁的阶段有较多的氮磷营养盐流失，但是水田作为季节性水体，有类似湿地的作用，一方面水体可以稀释营养盐，另一方面其中的植物又能较好较快地利用土壤中的氮、磷，水田的这些特征也被一些学者研究（Hu et al.，2018；Jeon et al.，2007；Yan et al.，2016）。

（6）园地。园地对营养盐的作用也比较复杂，多年生的果树园类似于林地；刚种植的树林苗圃类似于裸地；常年施肥的茶园和果树园类似于耕地。就本研究而言，平桥河流域的茶园是营养盐的源，有较大的流失量（陈文君等，2017；刁亚芹等，2013），研究园地的水质效应的文献都体现出各自流域中园地的特殊性（Ding et al.，2016；Tong and Chen，2002；Wu and Liu，2012）。

（7）建设用地。大多数建设用地均扮演营养盐源的角色，其作用强度也与建设用地上的人类活动种类和强度密切相关（Luo et al.，2018；Tu，2013；王娇等，2012）。

（8）水体。水体是典型的营养盐汇，无论是常年性的水体，还是季节性的水体，如洼地和水田，或其他类型湿地（李兆富等，2012）；抑或是流动性较好的水体，如河流；还是流动性较差的水体，如湖泊（孙祥，2018）。值得注意的是，水体的运动以及底泥的成分对水体营养盐浓度的影响至关重要（Bisantino et al.，2015；朱烨，2019）。

除了土地利用类型的静态形式对水质的影响，其变动方向和变化过程的水质效应也很明显。根据研究区的水质数据，可以得出结论：土地利用的快速变化对水质具有显著的影响，主要表现在两方面：第一，土地利用变化的过程中带来的土地翻动、短时期内出现的裸地，以及某些工程建设的排放会造成氮磷营养盐流失。第二，土地利用变化的方向性也会对水质造成较大影响。例如，农田弃耕后变成裸地，则会造成较多的氮磷营养盐流失，而变化成林地或水体，则转变为营养盐的汇。土地利用变化的水质效应还体现在变化的速度上，在平桥河流域，本研究监测的频率较高，捕捉到土地利用类型变化的中间环节。例如，在流域水田向园地转变的过程中，一般会呈现出半年为裸地的情况；在旱地转变为建设用地的过程中，作为中间形态的裸地的存在时间可能超过一年，在平桥河流域，这一时间较短。如果将土地利用类型转变的时间再进一步细化，则轮作作物之间变化的空档期也可看作裸地，本研究中 SFWQM 就是通过设置作物生长时间来灵活体现农田变化对水质的影响。

对于本研究中涉及的主要的土地利用类型，增加水体的比例是削减氮磷营养盐流失最明显最迅速的方法，各类水体对氮磷营养盐的削减都有作用，包括河流、湖泊、水库、池塘和季节性湿地以及水田等。此外，林地和草地也能有效地减少氮磷营养盐流失，但在土地利用类型转变的过程中，可能会出现短时间的氮磷营养盐流失增加（时间小于半年），之后会对营养盐的削减有较好的效果。对于其他土地利用类型，包括裸地、旱地、园地和建设用地，控制其规模，限制相关的人类活动，如施肥、堆肥和畜禽养殖等，是从源头削减氮磷营养盐产生的关键环节。

8.4.4 景观指数与水质关系及管理建议

在土地–水过程系统中，土地利用方式不能单独确定水质参数的浓度，而是以一种更加复杂和相互影响的方式确定。为描述土地利用形式的性质和相互联系，本书应用景观尺度指数进行定量分析（Song et al.，2017；Lamine et al.，2018；Li et al.，2001），包括景观切割指数（DIVISION）、分割指数（SPLIT）、斑块丰富度指数（PR）、斑块丰富度密度（PRD）、香农多样性指数（SHDI），辛普森多样性指数（SIDI）和聚集度指数（AI）。

基于景观参数与水质的关系制定的管理措施可以包含以下三方面。首先，对于城市地区、人工林和旱地，其作为主要的养分来源，最好的办法是限制肥料的使用，推广生活污水的水处理设施。其次，推进退耕还林、退耕还草和退耕还水，林、草和水是养分的汇，对降低水体养分浓度有显著作用。因地制宜地增加森林和草地面积，保留和扩大水域面积，可以有效抵消耕地和城市养分的来源作用效应。最后，不同土地利用模式的组成和分布对水质有着相当大的影响，这可以通过景观指标来揭示。在这种情况下，有效的解决办法是减少流域斑块的数量、划分和多样性，扩大单个斑块的面积，增加斑块的密度。

8.5 本 章 小 结

1. 降水集中度对营养盐流失的影响最大

与降水量和灌溉量相比，降水集中度变化对营养盐流失影响更大。这种影响体现在两方面：第一，对氮磷各种形式的营养盐都有较大影响；第二，无论是集中出现的大强度降水，还是集中出现的小强度降水都能促进营养盐流失。这种促进对不同营养盐作用效果略有差异，前者更加有利于磷营养盐流失，后者更加有利于氮营养盐流失。

2. 流域治理措施的效果和建议

研究区域内生活污水处理、河道治理和湿地建设都能有效减少营养盐流失，单个措施的削减幅度在5%左右。结合三项措施，削减幅度能进一步加大，但就平桥河流域的实践来看，工程治理措施在水质较差的情况下，对氮磷营养盐的削减作用显著，且见效快，但在水质已有较大改善的情况下，进一步削减氮磷营养盐的难度很大，应结合土地优化一并实施。

3. 土地利用变化的水质效应及建议

水体削减营养盐排放的效果最显著，其次是林地和水田，建设用地和裸地会少量增加营养盐排放，旱地和园地会较多地增加营养盐排放。因此，从控制营养盐流失的角度，控制旱地和园地规模，增加水体、林地和水田比例是有效的管理措施。在土地利用变化的过程中，翻动土壤会出现短期的营养盐流失增加（时间在半年以内），之后营养盐恢复到正常水平。改善流域的景观结构也能减少营养盐流失，具体包括增大斑块规模、减少斑块数量、降低斑块多样性等。

第 9 章

结论与展望

9.1　主 要 结 论

本书主要针对太湖流域水库水源地水环境保护和治理的迫切需求以及流域面源污染研究中存在的科学问题，选取太湖流域典型水库水源地天目湖水库重要支流平桥河流域作为研究区，综合运用 GIS、遥感、野外河流断面监测、实验室分析和流域面源污染模型等手段，对平桥河流域水质进行评价及模拟，为水库水源地水环境管理提供科学依据。主要得出以下结论。

（1）基于 2014～2016 年平桥河流域大量水质监测数据，综合采用聚类分析和主成分分析等多元统计方法对流域氮磷营养盐进行水质时空变化及影响因素分析。时间聚类分析将 12 个月划分为枯水期、平水期和丰水期。枯水期水质以氮污染为主，磷和有机污染次之；平水期水质以氮污染为主，其次为磷污染，主要由茶园等大量施肥导致；丰水期受氮和磷共同污染，主要由水稻种植等农业活动和大量降雨径流导致。空间聚类分析将 12 个采样点分为中上游丘陵河谷区、下游紧邻平桥社区的平原区和下游暗沟出口区。中上游丘陵河谷区的水质首先受到氮和磷污染的影响，有机污染次之，主要由茶园种植等农业活动导致；下游紧邻平桥社区的平原区水质首先受到氮和磷污染的影响，有机污染次之，主要受生活污水排放和农业生产化肥施用的影响；下游暗沟出口区水质以氮污染为主导，有机污染和磷污染次之，受到生活污水、农业生产和畜禽养殖的影响。

（2）SFHM 和 SFWQM 在研究区域的适用性方面优于 SWAT 模型。模拟结果显示，SFHM 对流量模拟的 R^2 为 0.88，E_{ns} 为 0.86，优于 SWAT 模型（R^2 为 0.80；E_{ns} 为 0.71）。SFWQM 对水质指标模拟的 R^2 为 0.93，E_{ns} 为 0.92，也优于 SWAT 模型（R^2 为 0.91；E_{ns} 为 0.89）。在模型稳定性方面，SFHM 和 SFWQM 也比 SWAT 模型表现得更好，主要体现在：第一，率定期和验证期的 R^2 与 E_{ns} 差距较小，而 SWAT 模型对大部分指标在率定期的模拟结果好于验证期；第二，对平桥河流域的模拟精度接近，而 SWAT 模型水文模拟和水质模拟的结果在平桥河流域次之。

（3）平桥河流域生活污水处理、河道治理和湿地建设都能有效减少营养盐流失，单个措施的削减幅度在 5%左右。结合三项措施，削减幅度能进一步加大，但就平桥河流域的实践来看，工程治理措施在水质较差的情况下，对氮磷营养盐的削减显著，且见效快，但在水质已有较大改善的情况下，削减氮磷营养盐难度很大，应结合土地优化一并实施。土地利用变化的水质效应显示，水体削减营养盐排放的效果最显著,其次是林地和水田,建设用地和裸地会少量增加营养盐排放,旱地和园地会较多地增加营养盐排放。因此,从控制营养盐流失的角度,控制旱地和园地规模,增加水体、林地和水田比例是有效的管理措施。在土地利用变化的过程中,翻动土壤会出现半年以内的营养盐流失增加,之后营养盐恢复到正常水平。改善流域的景观结构也能减少营养盐流失,具体包括增大斑块规模、减少斑块数量和降低斑块多样性等。

(4)AnnAGNPS 模型中,SCS 径流曲线是影响模型径流输出最敏感的参数,对氮磷营养盐的输出也有显著影响。此外,对氮磷营养盐输出影响较大的参数还有坡长、化肥施用量。模型校准和验证表明,在年尺度、月尺度和日尺度上分别对径流进行校准和验证,发现 RE 均小于 20%,R^2 和 E_{ns} 均大于 0.8,说明 AnnAGNPS 模型对径流模拟效果较好,可有效模拟平桥河流域径流;在月尺度上,氮磷营养盐验证期 RE 小于 30%,R^2 和 E_{ns} 均大于 0.6,氮营养盐的模拟效果略好于磷营养盐,说明经过校准后的 AnnAGNPS 模型能较好地用于平桥河流域模拟和研究,具有较好的适用性。

(5)AnnAGNPS 模型在平桥河流域的应用表明,年均 TN 负荷输出量为 45179.20 kg,其中颗粒态氮占 84.2%。丰水期(4~7 月),TN 和颗粒态氮输出量较大,最大值出现在 6~7 月;平水期和枯水期(1~3 月、8~12 月),TN 输出量也相对较小,且溶解态氮负荷量相比颗粒态氮负荷量略高。相比氮营养盐,磷营养盐负荷输出量显著减少,年均 TP 输出量为 1797.23 kg,其中颗粒态磷占 81.2%,远高于溶解态磷含量。TP 和颗粒态磷的输出集中在丰水期;平水期和枯水期总磷的输出相对较小,主要为溶解态磷。氮磷污染负荷量的输出在空间分布上具有一定的相似性,单位面积氮磷污染负荷量均呈现从上游向下游依次增加的特点,相比氮污染负荷,磷污染负荷量流失较少。

(6)平桥河流域土地利用类型不仅使氮磷污染负荷流失量存在差异,还对氮磷污染负荷流失形态造成影响。氮磷污染负荷量集中在耕地,贡献率高达 95.6%;茶园的氮磷污染负荷次之;氮污染负荷量流失最小的是裸地;磷污染负荷量流失最小的是林地。茶园、林地和建设用地氮污染负荷的主要输出形态为溶解态氮,均占各土地利用类型氮污染负荷流失总量的 94.6% 以上;耕地氮污染负荷以颗粒态氮为主,其占耕地氮污染负荷流失总量的 84.5%。耕地、裸地和茶园磷污染负荷的主要输出形态为颗粒态磷,依次占各土地利用类型磷污染负荷流失总量的 69.2%、99.6% 和 100%,建设用地磷污染负荷主要输出形态为溶解态磷。

（7）情景模拟分析结果显示，平桥河流域氮磷污染负荷主要来源于施肥，还受坡度、生活污水和畜禽养殖影响。可在源头和扩散途中对流域氮磷污染负荷进行有效控制。源头主要针对施肥和耕作，对于施肥，主要控制好施肥量和选取合理施肥时间；对于耕作，在坡度大于 15° 的坡耕地进行退耕还林，种植水土保持效果较好的植被。在扩散途中，可以通过在坡脚地（如耕地和茶园等）建立生态缓冲带；在小流域出口处布设塘坝或湿地；减少当地居民的畜禽养殖；提高居民环保意识，以及通过进一步完善流域污水网管设施等方式防止氮磷污染负荷输出。

9.2　特色与创新

（1）平桥河流域作为太湖流域典型水库水源地天目湖上游的一个重要支流，其水质好坏直接影响水库水源地水质，该流域主要受农业面源污染影响，国内外对该流域的研究较少，特别是采用面源污染模型从源头对天目湖水库水源地流域氮磷负荷输出量进行模拟研究。

（2）对平桥河流域水质研究既进行了定性研究，还通过多种模型手段对流域面源污染负荷量进行了定量的、过程性的模拟，解决水源地水质与流域营养盐输出之间的定量关系，明晰污染物迁移转化过程，有利于对水库水源地水质保护。

9.3　问题与展望

本书首先基于研究区前期水质监测，采用多元统计方法对水质进行初步评价；其次基于监测数据、野外调查、文献查阅和模型自带参数等构建适合平桥河流域的氮磷污染模型；最后基于构建的氮磷污染模型对研究区氮磷污染负荷进行模拟分析。由于获取资料、研究时间、综合能力的限制，本研究仍存在一些不足和问题，在今后研究中还需要如下改进。

（1）对于适合平桥河流域的 AnnAGNPS 模型，需要的参数较多，但是由于部分参数获取困难，因此直接采用的是模型前期研究的经验值或者默认值，导致模型精度受到影响。在应用该类模型时，应充分结合"3S"技术、实地调查、资料查询和相关部门咨询等方法获得尽可能多的实测资料，提高模型可信度。

（2）实测数据时间序列较短，因此选用 2014～2016 年实测数据，进行年尺度、月尺度和日尺度的校准与验证。今后研究中，为弥补时间序列短导致的模型精度问题，可以进一步加强实测数据的监测频率，特别是对场次降雨径流和氮磷营养盐浓度的测定，更好地率定模型。还需要进行针对暴雨事件的情景模拟，并且在相似的小流域进行推广和检验。

参考文献

《溧阳年鉴》编撰委员会. 2015. 溧阳年鉴 2015[M]. 北京: 中央文献出版社.

艾敏. 2008. 天目湖生态清淤工程的水环境影响研究[D]. 南京: 中国科学院南京地理与湖泊研究所.

边金云, 王飞儿, 杨佳, 等. 2012. 基于 AnnAGNPS 模型四岭水库小流域氮磷流失特征的模拟研究[J]. 环境科学, 33(8): 2659-2666.

蔡锦文. 2018. 铁山水库饮用水水源地流域非点源污染模拟[D]. 长沙: 长沙理工大学.

蔡文. 1987. 物元分析[M]. 广州: 广东高等教育出版社.

曹文志, 洪华生, 张玉珍, 等. 2002. AGNPS 在我国东南亚热带地区的检验[J]. 环境科学学报, 22(4): 537-540.

曹雯, 申双和. 2008. 我国太阳日总辐射计算方法的研究[J]. 大气科学学报, 31(4): 587-591.

常潮. 2019. 基于 SWMM 对蒿坪河流域地表径流和面源污染的研究[D]. 西安: 长安大学.

陈国阶, 何锦峰. 1999. 生态环境预警的理论和方法探讨[J]. 重庆环境科学, 21(4): 8-11.

陈丽华, 臧荣鑫, 王宏伟. 2011. 人工神经网络及其在水质信息检测中的应用[M]. 北京: 国防工业出版社.

陈守煜, 李亚伟. 2005. 基于模糊人工神经网络识别的水质评价模型[J]. 水科学进展, 1: 88-91.

陈文君, 段伟利, 贺斌, 等. 2017. 基于 WASP 模型的太湖流域上游茅山地区典型乡村流域水质模拟[J]. 湖泊科学, 29(4): 836-847.

陈岩, 赵琰鑫, 赵越, 等. 2019. 基于 SWAT 模型的江西八里湖流域氮磷污染负荷研究[J]. 北京大学学报(自然科学版), 55(6): 1112-1118.

陈奕, 许有鹏. 2009. 河流水质评价中模糊数学评价法的应用与比较[J]. 四川环境 28(1): 94-98.

陈永灿, 付健, 刘昭伟, 等. 2007. 三峡水库蓄水前后近坝水域的水质评价与分析[J]. 水力发电学报, 26(4), 51-55.

程铭, 孙强. 2019. 基于 WASP 模型的河流水质模拟及模糊风险评价[J]. 森林工程, 35(3): 87-92.

程晓光, 张静, 宫辉力. 2013. 基于 PEST 自动校正的 HSPF 水文模拟研究[J]. 人民黄河, (12): 33-36.

崔扬, 朱广伟, 李慧赟, 等. 2014. 天目湖沙河水库水质时空分布特征及其与浮游植物群落的关系[J]. 水生态学杂志, 35(3): 10-18.

邓娟. 2017. 陕西省不同生态类型区河流水质时空变化及其评价[D]. 咸阳: 中国科学院教育部水土保持与生态环境研究中心.

刁亚芹, 韩莹, 李兆富. 2013. 2000 年以来天目湖流域茶园分布变化及趋势模拟[J]. 湖泊科学, 25(6): 799-808.

丁春, 盛周君. 2007. 基于主成分分析法的南淝河水质综合评价[J]. 安徽农业科学, 35(35): 11583-11584.

丁飞霞. 2019. 丹江口库区小流域汇水区景观特征对径流水质的影响[D]. 武汉: 华中农业大学.

董文涛, 程先富. 2011. 巢湖流域非点源污染研究综述[J]. 环境科学与管理, 36(8): 46-49.

杜富芝, 傅瓦利, 杜小红, 等. 2009. 基于 BP 神经网络的三峡库区小流域水质评价[J]. 节水灌溉, (1): 8-10, 14.

付乐. 2019. 基于 WASP 模型的赣江流域上游典型稀土矿区水质模拟及可视化[D]. 赣州: 江西

理工大学.

付伟章. 2013. 南四湖区农田氮磷流失特征及面源污染评价[D]. 泰安: 山东农业大学.

甘霖, 张强, 李大斌. 2009. 指数评价法在川北某村地下水水质评价中的应用[J]. 职业与健康, 25(24): 2670-2672.

高常军. 2013. 流域土地利用对苕溪水体 C、N、P 输出的影响[D]. 北京: 中国林业科学研究院.

高菲, 张文胜, 刘庄, 等. 2009. AnnAGNPS 模型在太湖流域丘陵区适用性研究[J]. 人民长江, 40(21): 79-82.

高学民. 2000. 长江沿程河湖及城市内河水质评价与模拟研究[D]. 北京: 北京大学.

高银超, 鲍玉海, 唐强, 等. 2012. 基于 AnnAGNPS 模型的三峡库区小江流域面源污染负荷评价[J]. 长江流域资源与环境, (s1): 119-126.

高永霞, 朱广伟, 贺冉冉, 等. 2009. 天目湖水质演变及富营养化状况研究[J]. 环境科学, 30(3): 673-679.

郭劲松. 2002. 基于人工神经网络(ANN)的水质评价与水质模拟研究[D]. 重庆: 重庆大学.

郭青海, 马克明, 杨柳. 2006. 城市非点源污染的主要来源及分类控制对策[J]. 环境科学, (11): 2170-2175.

国家环境保护局. 1997. 水和废水监测分析方法[M]. 北京: 中国环境科学出版社.

韩博平. 2010. 中国水库生态学研究的回顾与展望[J]. 湖泊科学, 22(2): 151-160.

韩晓刚, 黄廷林, 陈秀珍. 2010. 基于主成分分析的原水水质模糊综合评价[J]. 人民黄河, 32(9): 62-65.

韩晓霞, 朱广伟, 李兆富, 等. 2015. 天目湖沙河水库尿素含量及其时空分布特征分析[J]. 环境化学, 34(2): 377-383.

韩莹, 李恒鹏, 聂小飞, 等. 2012. 太湖上游低山丘陵地区不同用地类型氮、磷收支平衡特征[J]. 湖泊科学, 24(6): 829-837.

贺缠生, 傅伯杰, 陈利顶. 1998. 非点源污染的管理及控制[J]. 环境科学, (5): 88-92, 97.

贺仲雄, 赵大勇, 李建文, 等. 1992. 模糊数学及其派生决策方法[M]. 北京: 中国铁道出版社.

洪华生, 黄金良, 曹文志. 2008. 九龙江流域农业非点源污染机理与控制研究[M]. 北京: 科学出版社.

胡冬舒. 2017. 基于 WASP 的湘江长株潭段重金属水质模型研究[D]. 湘潭: 湘潭大学.

胡开明, 李冰, 王水, 周家艳等. 2014. 太湖流域(江苏省)水质污染空间特征[J]. 湖泊科学, 26(2): 200-206.

胡雪涛, 陈吉宁, 张天柱. 2002. 非点源污染模型研究[J]. 环境科学, 23(3): 124-128.

胡义涛. 2017. 天目湖流域林地景观格局动态变化及其优化策略研究[D]. 苏州: 苏州科技大学.

花利忠. 2007. 基于 AnnAGNPS 模型的流域侵蚀产沙评价[D]. 成都: 中国科学院成都山地灾害与环境研究所.

花利忠, 贺秀斌, 颜昌宙, 等. 2009. 三峡库区大宁河流域径流泥沙的 AnnAGNPS 定量评价[J]. 水土保持通报, (6): 148-152.

黄金良. 2004. GIS 和模型支持下的九龙江流域农业非点源污染研究[D]. 厦门: 厦门大学.

黄金良, 洪华生, 杜鹏飞, 等. 2005. AnnAGNPS 模型在九龙江典型小流域的适用性检验[J]. 环境科学学报, 25(8): 1135-1142.

黄金良, 洪华生, 张珞平. 2006. 基于 GIS 和模型的流域非点源污染控制区划[J]. 环境科学研究, 19(4): 6.

黄群芳, 张运林, 陈伟民, 等. 2007. 天目湖水文特征变化及其对上游湿地和湖泊生态环境的影响[J]. 湿地科学, 5(1): 51-57.

黄云凤, 张珞平, 洪华生, 等. 2004. 不同土地利用对流域土壤侵蚀和氮、磷流失的影响[J]. 农业环境科学学报, (4): 735-739.

黄志霖, 田耀武, 肖文发, 等. 2009. 三峡库区黑沟流域 AnnAGNPS 参数空间聚合效应[J]. 生态学报, 29(12): 6681-6690.

惠璇. 2005. 应用多元统计分析[M]. 北京: 北京大学出版社.

江叶枫. 2019. 鄱阳湖平原典型小流域不同农业土地利用方式对土壤碳氮空间分布的影响[D]. 南昌: 江西农业大学.

姜莉莉, 薛文平, 孙辉, 等. 2007. 模糊数学评价法在青龙河水质现状评价中的应用[J]. 大连工业大学学报, 26(1): 56-59.

姜世伟. 2017. 三峡库区典型小流域面源污染特征研究[D]. 重庆: 重庆师范大学.

姜云超, 南忠仁. 2008. 水质数学模型的研究进展及存在的问题[J]. 兰州大学学报(自科版), 44(5): 7-11.

金春玲. 2018. 基于 SWAT 模型的洱海西部和北部面源污染模拟研究[D]. 北京: 中国环境科学研究院.

金树权. 2008. 水库水源地水质模拟预测与不确定性分析[D]. 杭州: 浙江大学.

康愉旋. 2019. 基于 Fragstats 的沈阳市五所高校校园景观格局评价[D]. 沈阳: 沈阳农业大学.

李程. 2013. 水质模型的研究进展趋势[J]. 现代农业科技, 2013(6): 208-209.

李保刚, 周克梅, 林涛, 等. 2008. 水源地保护及突发性水污染事件预警应急的研究与实施进展[J]. 水资源保护, 24(1): 87-91.

李定强, 王继增, 万洪富, 等. 1998. 广东省东江流域典型小流域非点源污染物流失规律研究[J]. 水土保持学报, (3): 12-18.

李国砚, 董雅文, 刘晓玫, 等. 2008. 天目湖流域土地利用的动态变化及其景观响应[J]. 水土保持学报, (1): 180-184.

李恒鹏, 陈伟民, 杨桂山, 等. 2013a. 基于湖库水质目标的流域氮、磷减排与分区管理——以天目湖沙河水库为例[J]. 湖泊科学, 25(6): 785-798.

李恒鹏, 刘晓玫, 黄文钰. 2004. 太湖流域浙西区不同土地类型的面源污染产出[J]. 地理学报, (3): 401-408.

李恒鹏, 朱广伟, 陈伟民, 等. 2013b. 中国东南丘陵山区水质良好水库现状与天目湖保护实践[J]. 湖泊科学, 25(6): 775-784.

李怀恩. 1996. 流域非点源污染模型研究进展与发展趋势[J]. 水资源保护, (2): 14-18.

李家科, 李怀恩, 李亚娇, 等. 2008. 基于 AnnAGNPS 模型的陕西黑河流域非点源污染模拟[J]. 水土保持学报, 22(6): 81-88.

李京璋. 1993. 美国地表水水源的流域管理[J]. 上海环境科学, (3): 38-40.

李林桓. 2018. 基于 SWAT 模型的青衣江流域氮磷污染研究[D]. 成都: 四川农业大学.

李如忠. 2005. 水质评价理论模式研究进展及趋势分析[J]. 合肥工业大学学报自然科学版, 28(4): 369-373.

李硕, 刘磊. 2010. AnnAGNPS 模型在激水河流域产水、产沙的模拟评价[J]. 环境科学, 31(1): 49-57.

李思悦, 张全发. 2008. 运用水质指数法评价南水北调中线水源地丹江口水库水质[J]. 环境科学研究, 21(3): 61-68.

李伟. 2013. 苕溪流域地表水水质综合评价与非点源污染模拟研究[D]. 杭州: 浙江大学.

李亚男, 李岩, 张廷, 等. 2008. 天津市北塘排污河不同水期的水质状况评价[J]. 中国给水排水, 24(22): 102-105.

李亚永. 2017. 密云水库富营养化阈值与限制因子研究[D]. 开封: 河南大学.

李艳华, 马守萍. 2009. 刍议水库水质数学模型[J]. 黑龙江水利科技, 37(2): 137.

李艳萍, 张建华. 2009. 自动气象站数据处理中的露点温度计算方法探讨[J]. 广西质量监督导报, (10): 46-47.

李跃飞, 夏永秋, 李晓波, 等. 2013. 秦淮河典型河段总氮总磷时空变异特征[J]. 环境科学, 34(1): 91-97.

李云生, 刘伟江, 吴悦颖, 等. 2006. 美国水质模型研究进展综述[J]. 水利水电技术, 37(2): 68-73.

李兆富, 刘红玉, 李恒鹏. 2012. 天目湖流域湿地对氮磷输出影响研究[J]. 环境科学, 33(11): 3753-3759.

连慧姝. 2018. 太湖平原水网区氮磷流失特征及污染负荷估算[D]. 北京: 中国农业科学院.

梁济平. 2019. 基于景观格局分析的南水北调中线水源地库区面源污染特征研究[D]. 杨凌: 西北农林科技大学.

廖水文, 鄢忠纯, 黄沈发. 2009. 应用灰色关联法评价上海市水源地水质状况[J]. 环境科学与技术, (b12): 108-111.

廖招权, 刘雷, 蔡哲. 2005. 水质数学模型的发展概况[J]. 江西化工, (1): 42-44.

刘国东, 黄川友, 丁晶. 1998. 水质综合评价的人工神经网络模型[J]. 中国环境科学, 18(6): 514-517.

刘路, 高品, 陈刚, 等. 2012. 城市河流各水期水质变化分析[J]. 中国环境监测, 28(2): 118-121.

刘梅冰. 2014. 基于 SWAT 和 CE-QUAL-W2 联合模拟的山美水库流域氮的径流流失特征[D]. 福州: 福建师范大学.

刘闻. 2014. 基于 SWAT 模型的水文模拟及径流响应分析[D]. 西安: 西北大学.

刘小楠, 崔巍. 2009. 主成分分析法在汾河水质评价中的应用[J]. 中国给水排水, 25(18): 105-108.

刘晓笛. 2019. 基于 SWAT 模型的和田河上游气候和土地利用变化的水文效应模拟[D]. 曲阜: 曲阜师范大学.

刘兴坡, 陈心能, 卢木子, 等. 2020. 降雨输入对青龙河流域 HSPF 模型模拟结果的影响[J]. 哈尔滨工业大学学报, 52(2): 178-185.

刘兆德, 虞孝感, 王志宪. 2003. 太湖流域水环境污染现状与治理的新建议[J]. 自然资源学报, (4): 467-474.

娄永才. 2018. 岔口小流域非点源污染模型 AnnAGNPS 参数不确定性分析[D]. 太原: 山西农业大学.

卢彬彬, 陈莹, 陈兴伟, 等. 2019. 基于 AnnAGNPS 模型的山美水库流域非点源氮控制研究[J]. 亚热带资源与环境学报, 14(1): 54-61.

芦云峰, 谭德宝, 王学雷. 2009. 基于灰色模式识别模型的洪湖水质评价初探[J]. 长江科学院院报, 26(5): 58-61.

陆熹. 2017. 城市生境单元制图方法研究[D]. 南京: 东南大学.

吕唤春. 2002. 千岛湖流域农业非点源污染及其生态效应的研究[D]. 杭州: 浙江大学.

罗川, 李兆富, 席庆, 等. 2014. HSPF 模型水文水质参数敏感性分析[J]. 农业环境科学学报, 33(10): 1995-2002.

马月. 2018. 基于 SWAT 模型的金沙江流域水文过程对气候变化的响应研究[D]. 武汉: 华中科技大学.

孟繁斌. 2015. 大伙房水库水质对上游流域利用方式响应机制研究[D]. 沈阳: 沈阳农业大学.

孟宪萌, 胡和平. 2009. 基于熵权的集对分析模型在水质综合评价中的应用[J]. 水利学报, 40(3): 257-262.

倪玮怡. 2016. 上海市郊土壤–蔬菜系统中重金属来源及贡献研究[D]. 上海: 华东师范大学.

聂小飞, 李恒鹏, 黄群彬, 等. 2013. 天目湖流域丘陵山区典型土地利用类型氮流失特征[J]. 湖泊科学, 25(6): 827-835.

宁吉才, 刘高焕, 刘庆生. 2012. 水文响应单元空间离散化及 SWAT 模型改进[J]. 水科学进展, 23(1): 14-20.

牛城, 张运林, 朱广伟, 等. 2014. 天目湖流域 DOM 和 CDOM 光学特性的对比[J]. 环境科学研究, 27(9): 998-1007.

牛志明, 解明曙, 孙阁, 等. 2001. 非点源污染模型在土壤侵蚀模拟中的应用及发展动态[J]. 中国水土保持, 1(3): 20-22.

欧阳勇, 林昌虎, 何腾兵, 等. 2012. 运用主成分分析法评价贵州草海水质污染[J]. 贵州科学, 30(1): 21-26.

庞靖鹏. 2007. 非点源污染分布式模拟[D]. 北京: 北京师范大学.

其格乐很, 何秉宇, 黄玲. 2019. 基于 GIS 和 Fragstats 的城市绿地景观格局动态变化研究——以新疆乌鲁木齐市为例[J]. 安徽农业科学, 47(15): 72-77,88.

乔卫芳, 牛海鹏, 赵同谦. 2013. 基于 SWAT 模型的丹江口水库流域农业非点源污染的时空分布特征[J]. 长江流域资源与环境, 22(2): 219-225.

秦立. 2019. 基于不同土地利用下水土流失对赤水河流域氮素输出的影响研究[D]. 贵阳: 贵州大学.

秦耀民, 胥彦玲, 李怀恩. 2009. 基于 SWAT 模型的黑河流域不同土地利用情景的非点源污染研究[J]. 环境科学学报, 29(2): 440-448.

任继周, 代堂刚, 王杰. 2014. 水库型饮用水源地水环境问题及保护对策研究——以云南省渔洞水库为例[C]. 昆明: 云南省水利学会 2014 年度学术交流会.

任珺. 2008. 黄河上游水质分析与污染治理对策研究[M]. 北京: 中国环境出版集团.

盛学良, 舒金华, 彭补拙, 等. 2002. 江苏省太湖流域总氮、总磷排放标准研究[J]. 地理科学, (4): 449-452.

师博颖. 2018. 长江江苏段饮用水源地健康评价与风险管控[D]. 重庆: 重庆交通大学.

施练东, 竺维佳, 胡菊香, 等. 2013. 汤浦水库及入库支流水质时空变化特征与影响因素分析[J]. 水生态学杂志, 34(5): 9-15.

时秋月, 马永胜. 2007. 水环境非点源污染的治理与控制对策[J]. 农机化研究, (1): 202-204.

司家济. 2019. 基于 SWAT 模型的阜阳市沙颍河流域非点源磷输出特征研究[D]. 淮南: 安徽理工大学.

宋林旭. 2011. 三峡库区香溪河流域非点源氮磷输出变化规律研究[D]. 武汉: 武汉大学.

孙国红, 沈跃, 徐应明, 等. 2011. 基于多元统计分析的黄河水质评价方法[J]. 农业环境科学学报, 30(6): 1193-1199.

孙秋红. 2016. 基于遗传算法的水质数据挖掘与应用研究[D]. 秦皇岛: 燕山大学.

孙祥. 2018. 水文气象对天目湖沙河水库藻类群落结构动态变化的影响[D]. 芜湖: 安徽师范大学.

孙泽萍, 付永胜. 2013. 不确定性方法耦合水质模型研究综述[J]. 环境科学与管理, 38(4): 68-70.

孙正宝, 陈治谏, 廖晓勇, 等. 2011. 三峡库区典型小流域农业非点源氮磷流失特征[J]. 生态学杂志, 30(8): 1720-1725.

唐胜军. 2013. 水质模型研究现状[J]. 河南水利与南水北调, (4): 9-10.

田耀武, 黄志霖, 肖文发. 2011. 基于 AnnAGNPS 模型的三峡库区秭归县非点源污染输出评价[J]. 生态学报, 31(16): 4568-4578.

万金保, 曾海燕, 朱邦辉. 2009. 主成分分析法在乐安河水质评价中的应用[J]. 中国给水排水, 25(16): 104-108.

万君. 2017. 长三角地区农业面源污染治理存在的问题及对策[D]. 合肥: 安徽农业大学.

王艾荣, 罗汉金, 梁博, 等. 2008. 硝化细菌在 3 种沉积土壤中的变化规律研究: Ⅱ.硝化细菌与 pH 等因子之间的关系[J]. 农业环境科学学报, 27(3): 970-977.

王丹. 2016. 三峡库区氮、磷面源污染负荷模拟及水质评价[D]. 重庆: 西南大学.

王飞儿, 吕唤春, 陈英旭, 等. 2003. 基于 AnnAGNPS 模型的千岛湖流域氮、磷输出总量预测[J]. 农业工程学报, 19(6): 281-284.

王刚, 李兆富, 万荣荣, 等. 2015. 基于多元统计分析方法的西苕溪流域水质时空变化研究[J]. 农业环境科学学报, 34(9): 1797-1803.

王宏, 杨为瑞. 1995. 中小流域综合水质模型系列的建立[J]. 重庆环境科学, (1): 45-48.

王洪梅, 卢文喜, 辛光, 等. 2007. 灰色聚类法在地表水水质评价中的应用[J]. 节水灌溉, (5): 20-22.

王娇, 马克明, 张育新, 等. 2012. 土地利用类型及其社会经济特征对河流水质的影响[J]. 环境科学学报, 32(1): 57-65.

王晶萍, 李兆富, 刘红玉, 等. 2016. 中田河流域景观异质性对水体总氮浓度影响研究[J]. 环境科学, 37(2): 527-533.

王娟, 杨士义, 高小懿, 等. 2010. 基于物元分析方法的水源地水质分析[J]. 地下水, 32(1): 20-23.

王俊. 2011. 灰色系统理论在原水水质预测与评价中的应用研究[D]. 重庆: 重庆大学.

王丽婧, 郑丙辉, 李子成. 2009. 三峡库区及上游流域面源污染特征与防治策略[J]. 长江流域资源与环境, 18(8): 783-788.

王玲杰, 孙世群, 田丰. 2004. 不确定性数学分析方法在河流水质评价中的应用[J]. 合肥工业大学学报: 自然科学版, 27(11): 1425-1429.

王森, 朱昌雄, 耿兵. 2013. 土壤氮磷流失途径的研究进展[J]. 中国农学通报, 29(33): 22-25.

王学, 张祖陆, 宁吉才. 2013. 基于 SWAT 模型的白马河流域土地利用变化的径流响应[J]. 生态学杂志, 32(1): 186-194.

魏冲, 宋轩, 陈杰. 2014. SWAT 模型对景观格局变化的敏感性分析——以丹江口库区老灌河流域为例[J]. 生态学报, 34(2): 517-525.

温美丽, 杨龙, 方国祥, 等. 2015. 新丰江水库上游氮磷污染的时空变化[J]. 热带地理, 35(1): 103-110.

邬明伟. 2012. 基于 AnnAGNPS 模型的中田河流域非点源污染模拟研究[D]. 南京: 南京农业大学.

吴家林. 2013. 大沽河流域氮磷关键源区识别及整治措施研究[D]. 青岛: 中国海洋大学.

武万国. 2018. 基于 EFDC 模型的湘江下游河道水质数值模拟研究[D]. 长沙: 长沙理工大学.

席庆. 2014. 基于 AnnAGNPS 模型的中田河流域土地利用变化对氮磷营养盐输出影响模拟研究[D]. 南京: 南京农业大学.

席庆, 李兆富, 罗川. 2014. 基于扰动分析方法的 AnnAGNPS 模型水文水质参数敏感性分析[J]. 环境科学, 35(5): 1773-1780.

夏小江. 2012. 太湖地区稻田氮磷养分径流流失及控制技术研究[D]. 南京: 南京农业大学.

肖依静. 2018. WASP 模型与 QUAL2K 模型对北川河水质模拟适宜性研究[D]. 长春: 吉林大学.

肖志强. 2018. 基于 DYRESM-CAEDYM 模型对千岛湖水环境的数值模拟研究[D]. 广州: 暨南大学.

谢彪. 2018. 浅水湖泊二维水动力与水质数值模拟研究[D]. 武汉: 华中科技大学.

谢建枝, 张玉宝, 邱颖, 等. 2015. 水源地水质安全保障技术及在北方大型水源地的应用[J]. 中国水利, (1): 11-13.

谢晓君, 王方园, 王光军, 等. 2017. 中国地表水重金属污染的进展研究[J]. 环境科学与管理, 42(2): 31-34.

谢云, 刘宝元, 章文波. 2000. 侵蚀性降雨标准研究[J]. 水土保持学报, 14(4): 6-11.

解志林. 2019. 基于 SWAT 模型的阜阳市沙颍河流域非点源总氮时空分布研究[D]. 淮南: 安徽理工大学.

徐安娜. 2014. WASP 模型及其在水库水质模拟研究中的应用[D]. 北京: 华北电力大学.

徐琳, 李海杰. 2008. 农业非点源污染模型研究进展及趋势[J]. 污染防治技术, (2): 42-46.

徐祖信. 2005. 我国河流单因子水质标识指数评价方法研究[J]. 同济大学学报(自然科学版), (3):

321-325.

薛亦峰, 王晓燕. 2009. HSPF 模型及其在非点源污染研究中的应用[J]. 首都师范大学学报(自然科学版), 30(3): 61-65.

薛亦峰, 王晓燕, 王立峰, 等. 2009. 基于 HSPF 模型的大阁河流域径流量模拟[J]. 环境科学与技术, 32(10): 103-107.

闫瑞. 2014. 基于 AnnAGNPS 模型岔口小流域非点源氮污染负荷研究[D]. 太原: 山西农业大学.

严红梅. 2018. 基于 DSA-ELM 模型的地表水质评价技术研究[D]. 杭州: 中国计量大学.

杨爱玲, 朱颜明. 2000. 城市地表饮用水源保护研究进展[J]. 地理科学, 20(1): 72-77.

杨波. 2018. 河岸缓冲带对辽河面源污染的阻控作用研究[D]. 长春: 吉林大学.

杨超杰. 2017. 平桥河流域水质评价及模拟[D]. 北京: 中国科学院大学.

杨超杰, 贺斌, 段伟利, 等. 2017. 太湖典型丘陵水源地水质时空变化及影响因素分析——以平桥河流域为例[J]. 长江流域资源与环境, 26(2): 273-281.

杨钢. 2004. 三峡水库水质污染及次级河流富营养化潜势研究[D]. 重庆: 重庆大学.

杨桂山, 马荣华, 张路, 等. 2010. 中国湖泊现状及面临的重大问题与保护策略[J]. 湖泊科学, 22(6): 799-810.

杨鹏. 2017. SWMM 模型在城市小流域降雨径流面源污染中的应用研究[D]. 武汉: 华中科技大学.

杨胜天, 程红光, 步青松, 等. 2006. 全国土壤侵蚀量估算及其在吸附态氮磷流失量匡算中的应用[J]. 环境科学学报, 26(3): 366-374.

杨学福, 关建玲, 王蕾, 等. 2013. 渭河陕西段水体中重金属的时空动态变化特征研究[J]. 安全与环境学报(6): 115-119.

叶麟, 黎道丰, 唐涛, 等. 2003. 香溪河水质空间分布特性研究[J]. 应用生态学报, 14(11): 1959-1962.

叶枝茂. 2002. 颜公河流域 COD、N、P 污染负荷研究及污染控制对策分析[D]. 杭州: 浙江大学.

袁宇志, 张正栋, 蒙金华. 2015. 基于 SWAT 模型的流溪河流域土地利用与气候变化对径流的影响[J]. 应用生态学报, 26(4): 989-998.

张德健. 2016. 分布式水文模型 SWAT 的改进研究[D]. 福州: 福建师范大学.

张继宗. 2006. 太湖水网地区不同类型农田氮磷流失特征[D]. 北京: 中国农业科学院.

张利田, 卜庆杰, 杨桂华, 等. 2007. 环境科学领域学术论文中常用数理统计方法的正确使用问题[J]. 环境科学学报, 27(1): 171-173.

张清, 孔明, 唐婉莹, 等. 2014. 太湖及主要入湖河流平水期水环境质量评价[J]. 长江流域资源与环境, 23(s): 73-80.

张荣保, 姚琪, 计勇, 等. 2005. 太湖地区典型小流域非点源污染物流失规律——以宜兴梅林小流域为例[J]. 长江流域资源与环境, (1): 94-98.

张韶月, 刘小平, 闫士忠. 2019. 基于"双评价"与 FLUS-UGB 的城镇开发边界划定——以长春市为例[J]. 热带地理, 39(3): 377-386.

张先富. 2015. 基于 HSPF 半分布式水文模型的新立城水库流域水环境模拟及预测研究[D]. 长春: 吉林大学.

张向阳. 2018. 太湖梅梁湾 4 种重金属含量及其生物富集研究[D]. 新乡: 河南师范大学.

张雁. 2018. 山区水源地建设的生态环境效应评价与保护研究[D]. 西安: 西安理工大学.

张颖, 翟瑞昌, 王晨晨. 2013. 水库型水源地系统脆弱性评价研究[J]. 水资源与水工程学报, 24(1): 5-9.

张运林, 陈伟民, 杨顶田, 等. 2005. 天目湖 2001~2002 年环境调查及富营养化评价[J]. 长江流域资源与环境, 14(1): 99-103.

张质明. 2013. 基于不确定性分析的 WASP 水质模型研究[D]. 北京: 首都师范大学.

章文波, 谢云, 刘宝元. 2002. 用雨量和雨强计算次降雨侵蚀力[J]. 地理研究, 21(3): 384-390.

赵雪松. 2016. 基于改进的 AnnAGNPS 模型的区域农业面源污染模拟研究[J]. 水利技术监督, 24(4): 64-67.

赵云云. 2017. 三峡水库主库区干流对大宁河回水区水质影响研究[D]. 北京: 清华大学.

郑兰香. 2017. 宁夏典型抽水型水库水质评价及模拟预测研究[D]. 银川: 宁夏大学.

钟科元. 2015. AnnAGNPS 模型参数空间聚合水文效应研究[D]. 福州: 福建师范大学.

周丰, 郭怀成, 黄凯, 等. 2007. 基于多元统计方法的河流水质空间分析[J]. 水科学进展, 18(4): 544-551.

周丰, 郝泽嘉, 郭怀成. 2007. 香港东部近海水质时空分布模式[J]. 环境科学学报, 27(9): 1517-1524.

周雪丽, 孙森林, 张宽义, 等. 2011. 水质数学模型的研究进展及其应用[J]. 天津科技, 38(2): 87-88.

朱广伟, 陈伟民, 李恒鹏, 等. 2013. 天目湖沙河水库水质对流域开发与保护的响应[J]. 湖泊科学, 25(6): 809-817.

朱丽青. 2012. 杭州主要城区河道的污染特征与生态危害分析[D]. 杭州: 浙江大学.

朱利群, 夏小江, 胡清宇, 等. 2012. 不同耕作方式与秸秆还田对稻田氮磷养分径流流失的影响[J]. 水土保持学报, 26(6): 6-10.

朱仟. 2017. 气候变化下降水输入和水文模型参数对水文模拟的影响[D]. 杭州: 浙江大学.

朱秋潮, 范浩定. 1999. 土壤颗粒组分分级标准的换算[J]. 土壤通报, (2): 53-54.

朱烨. 2019. 武汉市蔡甸区主要湖泊水质现状及变化趋势研究[D]. 武汉: 长江大学.

朱兆良, 孙波. 2008. 中国农业面源污染控制对策研究[J]. 环境保护, (8): 4-6.

邹桂红. 2007. 基于 AnnAGNPS 模型的非点源污染研究[D]. 青岛: 中国海洋大学.

邹桂红, 崔建勇. 2007. 基于 AnnAGNPS 模型的农业非点源污染模拟[J]. 农业工程学报, 23(12): 11-17.

邹桂红, 崔建勇, 刘占良, 等. 2008. 大沽河典型小流域非点源污染模拟[J]. 资源科学, 30(2): 288-295.

邹志红, 孙靖南, 任广平. 2005. 模糊评价因子的熵权法赋权及其在水质评价中的应用[J]. 环境科学学报, (4): 552-556.

邹志红, 云逸, 王惠文. 2008. 两阶段模糊法在海河水系水质评价中的应用[J]. 环境科学学报, 28(4): 799-803.

Abbaspour K C, Rouholahnejad E, Vaghefi S, et al. 2015. A continental-scale hydrology and water quality model for Europe: Calibration and uncertainty of a high-resolution large-scale SWAT model[J]. Journal of Hydrology, 524: 733-752.

Absalon D, Matysik M. 2007. Changes in water quality and runoff in the Upper Oder River Basin[J]. Geomorphology, 92(3-4): 106-118.

Alberto W D, Pilar D M D, Valeria A M, et al. 2001. Pattern recognition techniques for the evaluation of spatial and temporal variations in water quality. A case study: Suquía River Basin (Córdoba-Argentina)[J]. Water Research, 35(12): 2881.

Alexander R B, Smith R A, Schwarz G E. 2000. Effect of stream channel size on the delivery of nitrogen to the Gulf of Mexico[J]. Nature, 403(6771): 758.

Armstrong A, Stedman R C, Bishop J A et al. 2012. What's a stream without water? Disproportionality in headwater regions impacting water quality[J]. Environmental Management, 50(5): 849-860.

Arnold J G, Kiniry J R, Srinivasan R, et al. 2012. Soil and water assessment tool input/output documentation version 2012[R]. Austin: Texas Water Resources Institute.

Baginska B, Milne-Home W, Cornish P S. 2003. Modelling nutrient transport in Currency Creek, NSW with AnnAGNPS and PEST[J]. Environmental Modelling & Software, 18(8): 801-808.

Beasley D B, Huggins L F, Monke E J. 1980. ANWERS: A model for watershed planning[J]. Transactions of the ASAE - American Society of Agricultural Engineers, 23(4): 938-944.

Bingner R L, Mutchler C K, Murphree C E. 1992. Predictive capabilities of erosion models for different storm sizes[J]. Transactions of the Asae, 35(2): 505-513.

Bingner R L, Theurer F D, Yuan Y. 2003. AnnAGNPS Technical Processes 2003[R]. Washington DC: USDA.

Bisantino T, Bingner R, Chouaib W, et al. 2015. Estimation of runoff, peak discharge and sediment load at the event scale in a medium-size mediterranean watershed using the AnnAGNPS model[J]. Land Degradation & Development, 26(4): 340-355.

Borah D K. 2003. Watershed-scale hydrologic and non-point source pollution models: Review of mathematical bases[J]. Trans Asae, 46(6): 1553-1566.

Brown C. 2012. Applied Multivariate Statistics in Geohydrology and Related Sciences[M]. New York: Springer.

Bu H, Tan X, Li S, et al. 2010a. Temporal and spatial variations of water quality in the Jinshui River of the South Qinling Mts., China[J]. Ecotoxicology and Environmental Safety, 73(5): 907-913.

Bu H, Tan X, Li S, et al. 2010b. Water quality assessment of the Jinshui River (China) using multivariate statistical techniques[J]. Environmental Earth Sciences, 60(8): 1631-1639.

Chang N B, Chen H W, Ning S K. 2001. Identification of river water quality using the fuzzy synthetic evaluation approach[J]. Journal of Environmental Management, 63(3): 293-305.

Chen W, He B, Nover D, et al. 2018. Spatiotemporal patterns and source attribution of nitrogen pollution in a typical headwater agricultural watershed in Southeastern China[J]. Environmental Science and Pollution Research, 25(3): 2756-2773.

Das S, Rudra R P, Goel P K, et al. 2006. Evaluation of AnnAGNPS in cold and temperate regions[J]. Water Science and Technology, 53(2): 263-270.

Deng J L. 1982. Control problems of grey systems[J]. Systems & Control Letters, 1(5): 288-294.

Ding J, Jiang Y, Liu Q, et al. 2016. Influences of the land use pattern on water quality in low-order streams of the Dongjiang River basin, China: A multi-scale analysis[J]. Science of the Total Environment, 551-552: 205-216.

Duan W, He B, Nover D, et al. 2016. Water quality assessment and pollution source identification of the eastern Poyang Lake Basin using multivariate statistical methods[J]. Sustainability, 8(2): 133.

Etheridge J R, Lepistö A, Granlund K, et al. 2013. Reducing uncertainty in the calibration and validation of the INCA-N model by using soft data[J]. Hydrology Research, 45(1): 73-88.

Fisher D S, Steiner J L, Endale D M, et al. 2006. The relationship of land use practices to surface water quality in the Upper Oconee Watershed of Georgia[J]. Forest Ecology & Management, 128(1-2): 39-48.

Han D, Currell M J, Cao G. 2016. Deep challenges for China's war on water pollution[J]. Environmental Pollution, 218: 1222-1233.

Heathcote I W. 1998. Integrated watershed management: Principles and practice[J]. Journal of Hydrology, 16(210): 85-90.

Hejcmanová-Nežerková P, Hejcman M. 2006. A canonical correspondence analysis (CCA) of the vegetation-environment relationships in Sudanese Savannah, Senegal[J]. South African Journal of Botany, 72(2): 256-262.

Horton R K. 1965. An index number system for rating water quality[J]. Journal of Water Pollution Control Federation, 37(3): 300-306.

Hu Y, Peng J, Liu Y, et al. 2018. Integrating ecosystem services trade-offs with paddy land-to-dry land decisions: A scenario approach in Erhai Lake Basin, southwest China[J]. Science of the Total Environment, 625: 849-860.

Huang J, Pontius R G, Li Q, et al. 2012. Use of intensity analysis to link patterns with processes of land change from 1986 to 2007 in a coastal watershed of southeast China[J]. Applied Geography, 34: 371-384.

Iscen C F, Emiroglu Ö, Ilhan S, et al. 2008. Application of multivariate statistical techniques in the assessment of surface water quality in Uluabat Lake, Turkey[J]. Environmental Monitoring and Assessment, 144(1): 269-276.

Issaka S, Ashraf M A. 2017. Impact of soil erosion and degradation on water quality: A review[J]. Geology, Ecology, and Landscapes, 1(1): 1-11.

Jeon J H, Yoon C G, Jr A S D, et al. 2007. Development of the HSPF-Paddy model to estimate watershed pollutant loads in paddy farming regions[J]. Agricultural Water Management, 90(1-2): 75-86.

Jiang K, Li Z, Luo C, et al. 2019. The reduction effects of riparian reforestation on runoff and nutrient export based on AnnAGNPS model in a small typical watershed, China[J]. Environmental Science and Pollution Research, 26(6): 5934-5943.

Joao E M, Walsh S J. 1992. GIS implications for hydrologic modeling: Simulation of nonpoint pollution generated as a consequence of watershed development scenarios[J]. Computers Environment & Urban Systems, 16(92): 43-63.

Justin R, Jordan T H. 1991. Mantle layering from SCS reverberations: 3. The upper mantle[J]. Journal of Geophysical Research Atmospheres, 961(B12): 19781-19810.

Kazi T G, Arain M B, Jamali M K, et al. 2009. Assessment of water quality of polluted lake using multivariate statistical techniques: A case study[J]. Ecotoxicology & Environmental Safety, 72(2): 301-309.

Khalil B, Ouarda T B M J, St-Hilaire A. 2011. Estimation of water quality characteristics at ungauged sites using artificial neural networks and canonical correlation analysis[J]. Journal of Hydrology, 405(3): 277-287.

Khattree R, Naik D N. 2018. Applied Multivariate Statistics with SAS Software. 2nd.[M]. New York: John Wiley & Sons.

Knisel W G. 1980. CREAMS: A field-scale model for chemicals, runoff and erosion from agricultural management systems[R]. Washington DC: USDA.

Laflen J M, Lane L J, Foster G R. 1991. WEPP: A new generation of erosion prediction technology[J]. Journal of Soil & Water Conservation, 46(1): 34-38.

Lamine S, Petropoulos G P, Singh S K, et al. 2018. Quantifying land use/land cover spatio-temporal landscape pattern dynamics from Hyperion using SVMs classifier and FRAGSTATS®[J]. Geocarto International, 33(8): 862-878.

Li X, Lu L, Cheng G, et al. 2001. Quantifying landscape structure of the Heihe River Basin, north-west China using FRAGSTATS[J]. Journal of Arid Environments, 48(4): 521-535.

Li Z, Luo C, Xi Q, et al. 2015. Assessment of the AnnAGNPS model in simulating runoff and nutrients in a typical small watershed in the Taihu Lake basin, China[J]. Catena, 133(20): 349-361.

Liu C W, Lin K H, Kuo Y M. 2003. Application of factor analysis in the assessment of groundwater quality in a blackfoot disease area in Taiwan[J]. Science of the Total Environment, 313(1-3): 77-89.

Liu J, Shen Z, Chen L. 2018. Assessing how spatial variations of land use pattern affect water quality across a typical urbanized watershed in Beijing, China[J]. Landscape and Urban Planning, 176: 51-63.

Liu Y, Bralts V F, Engel B A. 2015. Evaluating the effectiveness of management practices on hydrology and water quality at watershed scale with a rainfall-runoff model[J]. Science of the Total Environment, 511: 298-308.

Lu X W, Li L Y, Kai L, et al. 2010. Water quality assessment of Wei River, China using fuzzy synthetic evaluation[J]. Environmental Earth Sciences, 60(8): 1693-1699.

Luo C, Li Z, Li H, et al. 2015. Evaluation of the AnnAGNPS model for predicting runoff and nutrient export in a typical small watershed in the hilly region of Taihu Lake[J]. International Journal of Environmental Research & Public Health, 12(9): 10955-10973.

Luo K, Hu X, He Q, et al. 2018. Impacts of rapid urbanization on the water quality and macroinvertebrate communities of streams: A case study in Liangjiang New Area, China[J]. Science of The Total Environment, 621: 1601-1614.

Lüneberg K, Schneider D, Brinkmann N, et al. 2019. Land use change and water quality use for irrigation alters drylands soil fungal community in the Mezquital Valley, Mexico[J]. Frontiers in Microbiology, 10: 1220.

McGarigal K. 2015. FRAGSTATS Help[D]. Amherst, MA: University of Massachusetts.

McMillan H, Krueger T, Freer J. 2012. Benchmarking observational uncertainties for hydrology: Rainfall, river discharge and water quality[J]. Hydrological Processes, 26(26): 4078-4111.

Meyer L D, Wischmeier W H. 1969. Mathematical simulation of the process of soil erosion by water[J]. Transactions of the ASABE, (6): 754-758.

Momm H, Bingner R, Wells R, et al. 2012. AnnAGNPS GIS-based tool for watershed-scale identification and mapping of cropland potential ephemeral gullies[J]. Applied Engineering in Agriculture, 28(28): 17-29.

Moriasi D N, Arnold J G, van Liew M W, et al. 2007. Model evaluation guidelines for systematic quantification of accuracy in watershed simulations[J]. Transactions of the ASABE, 50(3): 885-900.

Nash J E, Sutcliffe J V. 1970. River flow forecasting through conceptual models part I: A discussion of principles[J]. Journal of Hydrology, 10(3): 282-290.

Noori R, Sabahi M S, Karbassi A R, et al. 2010. Multivariate statistical analysis of surface water quality based on correlations and variations in the data set[J]. Desalination, 260(1): 129-136.

Ogwueleka T C. 2015. Use of multivariate statistical techniques for the evaluation of temporal and spatial variations in water quality of the Kaduna River, Nigeria[J]. Environmental Monitoring & Assessment, 187(3): 1-17.

Olivera F, Valenzuela M, Srinivasan R, et al. 2006. Arcgis-SWAT: A geodata model and gis interface for SWAT 1[J]. Jawra Journal of the American Water Resources Association, 42(2): 295-309.

Pathak D, Whitehead P G, Futter M N, et al. 2018. Water quality assessment and catchment-scale nutrient flux modeling in the Ramganga River Basin in north India: An application of INCA model[J]. Science of the Total Environment, 631-632: 201-215.

Pradhanang S M, Briggs R D. 2014. Effects of critical source area on sediment yield and streamflow[J]. Water & Environment Journal, 28(2): 222-232.

Qi H, Altinakar M S. 2011. A GIS-based decision support system for integrated flood management under uncertainty with two dimensional numerical simulations[J]. Environmental Modelling & Software, 26(6): 817-821.

Renard K G, Foster G R, Weesies G A, et al. 1991. RUSLE: Revised universal soil loss equation[J]. Journal of Soil & Water Conservation, 46(1): 30-33.

Ross S L. 1977. An index system for classifying river water quality[J]. Water Pollution Control, 76(1): 113-122.

Sarangi A, Cox C A, Madramootoo C A. 2007. Evaluation of the AnnAGNPS model for prediction of runoff and sediment yields in St Lucia watersheds[J]. Biosystems Engineering, 97(2): 241-256.

Shamshad A, Leow C S, Ramlah A, et al. 2008. Applications of AnnAGNPS model for soil loss estimation and nutrient loading for Malaysian conditions[J]. International Journal of Applied Earth Observation and Geoinformation, 10(3): 239-252.

Shrestha S, Babel M S, Gupta A D, et al. 2006. Evaluation of annualized agricultural nonpoint source model for a watershed in the Siwalik Hills of Nepal[J]. Environmental Modelling & Software, 21(7): 961-975.

Simeonov V, Stratis J A, Samara C, et al. 2003. Assessment of the surface water quality in Northern Greece[J]. Water Research, 37(17): 4119-4124.

Singh K P, Malik A, Mohan D, et al. 2004. Multivariate statistical techniques for the evaluation of spatial and temporal variations in water quality of Gomti River (India): A case study[J]. Water Research, 38(18): 3980-3992.

Singh K P, Malik A, Sinha S. 2005. Water quality assessment and apportionment of pollution sources of Gomti river (India) using multivariate statistical techniques: A case study[J]. Analytica Chimica Acta, 538(1): 355-374.

Solanki V R, Hussain M M, Raja S S. 2010. Water quality assessment of Lake Pandu Bodhan, Andhra Pradesh State, India[J]. Environmental Monitoring and Assessment, 163(1): 411-419.

Song H, Liu L, Zhang Y, et al. 2017. Research on landscape pattern optimization of Xianglan Town based on GIS and Fragstats[C]//Proceedings of the 2017 International Conference on Society Science. Paris: Atlantis Press.

Steiner F, Blair J, McSherry L, et al. 2000. A watershed at a watershed: The potential for environmentally sensitive area protection in the upper San Pedro Drainage Basin (Mexico and USA)[J]. Landscape and Urban Planning, 49(3): 129-148.

Sylvester R O, Carlson D A, Bergerson W W, et al. 1962. Computer analysis of water quality data[J]. Journal of Water Pollution Control Federation, 34(6): 605-615.

Tanrıverdi Ç, Alp A, Demirkıran A R, et al. 2010. Assessment of surface water quality of the Ceyhan River basin, Turkey[J]. Environmental Monitoring and Assessment, 167(1): 175-184.

Tong S T Y, Chen W. 2002. Modeling the relationship between land use and surface water quality[J]. Journal of Environmental Management, 66(4): 377-393.

Tsou M S. 2004. Estimation of runoff and sediment yield in the Redrock Creek watershed using AnnAGNPS and GIS[J]. Journal of Environmental Sciences, 16(5): 865-867.

Tu J. 2013. Spatial variations in the relationships between land use and water quality across an urbanization gradient in the watersheds of Northern Georgia, USA[J]. Environmental Management, 51(1): 1-17.

Udayakumar P, Abhilash P P, Ouseph P P. 2009. Assessment of water quality using principal component analysis—A case study of the Mangalore coastal region, India[J]. Journal of Environmental Science & Engineering, 51(3): 179-186.

Vörösmarty C J, Green P, Salisbury J, et al. 2000. Global water resources: Vulnerability from climate change and population growth[J]. Science, 289(5477): 284.

Whittemore R C, Beebe J. 2000. EPA's BASINS model: Good science or serendipitous modeling[J]. Journal of the American Water Resources Association, 36(3): 493-499.

Williams J R, Berndt H D. 1972. Sediment yield computed with universal equation[J]. Journal of the Hydraulics Division, 98(Hy 12): 2087-2098.

Wongsasuluk P, Chotpantarat S, Siriwong W, et al. 2014. Heavy metal contamination and human health risk assessment in drinking water from shallow groundwater wells in an agricultural area in Ubon Ratchathani province, Thailand[J]. Environmental Geochemistry and Health, 36(1): 169-182.

Wu Q, Zhao C, Zhang Y. 2010. Landscape river water quality assessment by Nemerow pollution index[C]//Mechanic Automation and Control Engineering (MACE), 2010 International Conference on. New York: IEEE.

Wu S, Li J, Huang G. 2005. An evaluation of grid size uncertainty in empirical soil loss modeling with digital elevation models[J]. Environmental Modeling and Assessment, 10(1): 33-42.

Wu Y, Liu S. 2012. Modeling of land use and reservoir effects on nonpoint source pollution in a highly agricultural basin[J]. Journal of Environmental Monitoring, 14(9): 2350-2361.

Yan R, Gao J, Huang J. 2016. WALRUS-paddy model for simulating the hydrological processes of lowland polders with paddy fields and pumping stations[J]. Agricultural Water Management, 169: 148-161.

Yang Y H, Zhou F, Guo H C, et al. 2010. Analysis of spatial and temporal water pollution patterns in Lake Dianchi using multivariate statistical methods[J]. Environmental Monitoring and Assessment, 170(1): 407-416.

Ye-Na S, Jim L Ü, Ding-Jiang C, et al. 2011. Response of stream pollution characteristics to catchment land cover in Cao-E River basin, China[J]. Pedosphere, 21(1): 115-123.

Yuan Y, Bingner R L, Rebich R A. 2001. Evaluation of AnnAGNPS on Mississippi Delta MSEA watersheds[J]. Transactions of the ASABE, 44(5): 1183-1190.

Yuan Y, Locke M A, Bingner R L. 2008. Annualized agricultural non-point source model application for Mississippi Delta Beasley Lake watershed conservation practices assessment[J]. Journal of Soil and Water Conservation, 63(6): 542-551.

Zadeh L A. 1965. Fuzzy sets[J]. Information and Control, 8(3): 338-353.

Zhou F, Guo H, Liu L. 2007a. Quantitative identification and source apportionment of anthropogenic heavy metals in marine sediment of Hong Kong[J]. Environmental Geology, 53(2): 295-305.

Zhou F, Guo H, Liu Y, et al. 2007b. Chemometrics data analysis of marine water quality and source identification in Southern Hong Kong[J]. Marine Pollution Bulletin, 54(6): 745-756.

附　图

野外考察和社会调查

(a) 混交林　　　(b) 竹林　　　(c) 竹林土壤　　　(d) 水田土壤

(e) 林地　　　(f) 旱地　　　(g) 园地　　　(h) 建设用地

附图 1　平桥河流域土壤调查

(a) 径流采样　　　(b) 河道形态测量　　　(c) 流速测量　　　(d) 降水采样

附图 2　平桥河流域水文调查

作 者 简 介

贺斌，宁波大学土木工程与地理环境学院、One Health 科学研究院教授，博士生导师。入选国家高层次人才计划、国家有突出贡献中青年专家、中国科学院高层次人才计划等。主要从事环境健康、流域水循环与污染控制等方面的研究。历任东京大学博士后、助理教授，京都大学副教授，中国科学院南京地理与湖泊研究所研究员，广东省科学院生态环境与土壤研究所研究员等。主持国家自然科学基金项目、国家重点研发计划项目课题、广东省重点领域研发计划项目、科技部外国专家项目等 40 余项。已发表论文 150 余篇、著作 6 部、专利软著 50 余项，担任 50 余种 SCI 期刊审稿人、8 个刊物的常务副主编/副主编/编委，国际地质灾害与减灾协会（ICGdR）滨岸带环境灾害委员会主席、国际水文科学协会（IAHS）中国委员会遥感分委员会副主席等。

赵恺彦，中共南京市委组织部一级主任科员。中国科学院南京地理与湖泊研究所自然地理学专业理学博士。参与多项国家级、省部级科研基金项目，发表第一作者 SCI/EI 论文多篇。

杨超杰，北京大学附属中学石景山学校高中地理教师。中国科学院南京地理与湖泊研究所自然地理学专业理学硕士。参与多项国家级和省部级科研基金项目，发表第一作者中文核心期刊论文多篇。

陈文君，金陵科技学院软件工程学院副教授。中国科学院南京地理与湖泊研究所博士后、南京师范大学地理信息系统专业博士。荣获江苏省环境科学学会环境保护科学技术奖（2023 年）、江苏高校"青蓝工程"优秀青年骨干教师（2022 年）等，指导论文获得江苏省普通高等学校本专科优秀毕业论文（设计）（2022 年、2019 年）。长期从事地理信息、生态水文、知识图谱、数字孪生等方面的交叉研究。近年来，主持国家/江苏省自然科学基金青年项目、中国博士后面上/江苏省博士后基金项目等，发表第一作者 SCI/EI 论文 10 余篇、专著 2 部、授权发明专利 4 件、软件著作权 30 余件。